普通高等学校"十二五"规划教材

电工技术课程设计

主　编　李永泉　郑存芳
副主编　任玉艳　于长洋
主　审　杨丽君

国防工业出版社
·北京·

内容简介

　　本书是根据教育部"面向21世纪高等教育教学内容和课程体系改革计划"的精神而编写的,是普通高等院校非电类专业"电工技术"课程的配套教材,其主要特点在于加强理论联系实际,提高学生工程实践的能力。本书介绍的内容主要包括常用低压电器,电气控制电路的基本环节,电气控制电路设计及电气元件的选择,可编程控制器的应用,课程设计题目汇编及课程设计参考控制电路。

　　本书可作为普通高等院校非电类专业"电工技术"和电类专业"电气控制与 PLC"等课程实践教学环节的教材,也可供相关专业的教师和工程技术人员参考。

图书在版编目(CIP)数据

电工技术课程设计/李永泉,郑存芳主编.—北京:国
防工业出版社,2014.1 重印
普通高等学校"十二五"规划教材
ISBN 978-7-118-07805-3

Ⅰ.①电… Ⅱ.①李…②郑… Ⅲ.①电工技术 –
课程设计 – 高等学校 – 教材 Ⅳ.①TM – 41

中国版本图书馆 CIP 数据核字(2012)第 001583 号

※

*国防工业出版社*出版发行
(北京市海淀区紫竹院南路23号　邮政编码100048)
北京奥鑫印刷厂印刷
新华书店经售

*

开本 787×1092　1/16　印张 11　字数 252 千字
2014 年 1 月第 1 版第 2 次印刷　印数 4001—6000 册　定价 24.00 元

(本书如有印装错误,我社负责调换)

国防书店:(010)88540777　　发行邮购:(010)88540776
发行传真:(010)88540755　　发行业务:(010)88540717

前　言

　　"电工技术"是工科院校非电类专业学生的一门技术基础课,它不仅具有基础性,而且还具有应用性与先进性。非电类学生学习电工技术重在应用,应具有将电工技术应用于本专业和拓展本专业的一定能力。因此,课程内容要理论联系实际,培养学生独立分析问题和解决问题的能力。从这一要求出发,仅有课堂上的理论讲解和实验教学是远远不够的。本书强调理论联系实际,学生可以亲自动手解决实际生产与生活问题,弥补了"电工技术"课程中存在的不足。

　　从 2003 年开始,我校非电类专业学生增加了"电工技术课程设计"课程,至今已有八届学生参与学习,深受学生的欢迎,通过课程设计才能真正深知理论联系实际的重要性。

　　国内开设"电工技术课程设计"的院校很少,没有资料可以借鉴,仅靠我们多年的教学和实践编写了讲义供学生使用。在实践环节中,每个学生承担一个课程设计题目,并配有一个自制的实验箱,从设计、接线到系统的调试,整个过程均由学生独立完成。经过两周的课程设计,学生能亲自动手完成实验,认识到提高技能的重要性。

　　本教材经多次试用、修改现正式出版。全书共六章,第一章至第四章供学生理论教学参考,第五章和第六章供实践环节使用。

　　本教材由燕山大学里仁学院李永泉、郑存芳任主编,任玉艳、于长洋任副主编,燕山大学杨丽君任主审。

　　教材的出版得到了燕山大学相关部门的大力支持和帮助,在此一并表示衷心感谢。

　　由于水平有限,不妥之处难免,敬请读者批评指正。

编　者

2011 年 11 月

于燕山大学

目　　录

第一章 常用低压电器

现代机床及机电一体化设备中的运动部件大多是由电动机带动的。在生产过程中必须对电动机进行自动控制,使生产机械各部件动作有序进行,以保证生产过程和加工工艺满足预定的要求。对电动机主要是控制它的启动、停止、正/反转、调速及各种制动。

实现以上的控制要求,国内目前较多的是采用继电器、接触器、控制按钮等电器元件来实现的,由这些元件组成的控制系统一般称为继电接触器控制系统。继电接触器控制系统中所用的元件均属于低压电器元件,低压电器元件是指在交流额定电压为1200V以下及直流电压1500V以下的工作环境下使用的电器元件。

低压电器元件的种类很多,分类方法也有多种,常用的分类方法是将低压电器分为控制电器和保护电器两大类。

1.1 控 制 电 器

一、控制按钮

控制按钮是用来接通或断开小电流的控制电路,从而实现对电动机及其他用电设备运行的控制。

1. 结构、工作原理、图形符号及文字符号

图1.1(a)是控制按钮的外观图,图1.1(b)是控制按钮的结构原理图,图1.1(c)是控制按钮的图形符号及文字代号。

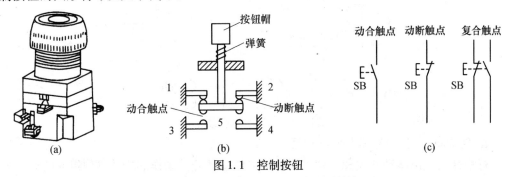

图1.1 控制按钮

(a)外观图;(b)结构原理图;(c)图形符号。

在控制按钮的结构原理图中,按钮松开时(常态),静触点1-2由动触桥5闭合,静触点3-4断开。按下按钮时,静触点1-2由原来闭合转为分断,而静触点3-4由动触桥5闭合。

静触点1-2是在按下按钮(动态)时转为分断状态的,所以称这对触点为动断触点,习惯上称为常闭触点,因为它在常态时是闭合的。所谓常态即是不通电或不受力的状态,动态则是通电或受力的状态。显然静触点3-4是在按下按钮时才转为闭合的,所以称为

动合触点,习惯上称为常开触点。

控制按钮的结构很简单,但在实际操作时要注意两点:一是,按下时一定是先断开常闭触点然后才接通常开触点;二是,在弹簧弹力的作用下,松开时触点恢复到常态的位置,称为复位。

2. 种类

控制按钮有以下型式:

(1)复合式:将两个或两个以上的单一型式复合在一起,按下就有两个或两个以上单一型式的触点动作。

(2)紧急式:装有凸出的蘑菇形钮帽,以便紧急操作。

(3)旋转式:用手钮的旋转操作。

(4)钥匙式:插入专用的钥匙才可旋转操作,如汽车发动时的钥匙开关。但旋转式和钥匙式按钮不同,旋转式按钮旋转后不会自动复位,只有再旋转回位才恢复常态。

(5)指示灯式:在透明的彩色按钮内装入信号灯,供信号显示等。

二、行程开关

行程开关结构、工作原理与按钮相似,但行程开关的动作是由生产机械部件上的撞块或通过其他机构的机械作用进行操纵的。

图1.2为行程开关控制示意图,行程开关 ST_1 和 ST_2 固定在机床的床鞍上。在工作台的侧面装有机械撞块。当工作台左右运动时,撞块就会压下行程开关 ST_1 和 ST_2,利用 ST_1 被压下时发出向左运动指令,以及 ST_2 被压下时发出向右运动指令,就可以通过控制电动机的正转、反转实现工作台的左右运动。

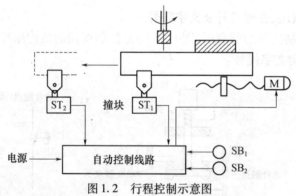

图1.2　行程控制示意图

1. 结构特点、图形符号及文字代号

行程开关是由微动开关和实现不同运动能使微动开关动作的传动机构组成的。

微动开关如图1.3(a)所示,它由密封在塑料外罩内的静触点1～4、动触片5以及瞬动机构6～8组成。当开关的触杆7向下压动到一定距离时,动触片即瞬时动作,使常闭触点1-2分断,常开触点3-4闭合。外力去除后,触杆在弹簧8的作用下迅速复位,常开和常闭触点也立即转入常态。

行程开关和按钮一样,都是由四个静触点和一个动触点组成一对常闭触点和一对常开触点。不同点是:行程开关常闭触点断开和常开触点闭合是瞬间完成的,几乎没有中间状态;而按钮从常闭触点断开到常开触点闭合的时间是人为控制的,它可以有中间状态出现。行程开关的图形符号如图1.3(h)所示,文字代号为ST。

2. 种类

微动开关体积小,动作灵敏,触杆极限行程小且结构强度不高,所以微动开关不能单独做行程开关使用,它要安装在配有传动推杆的壳体里使用,由于传动推杆结构的不同可以做成不同形式的行程开关,如图1.3(b)~(g)所示。

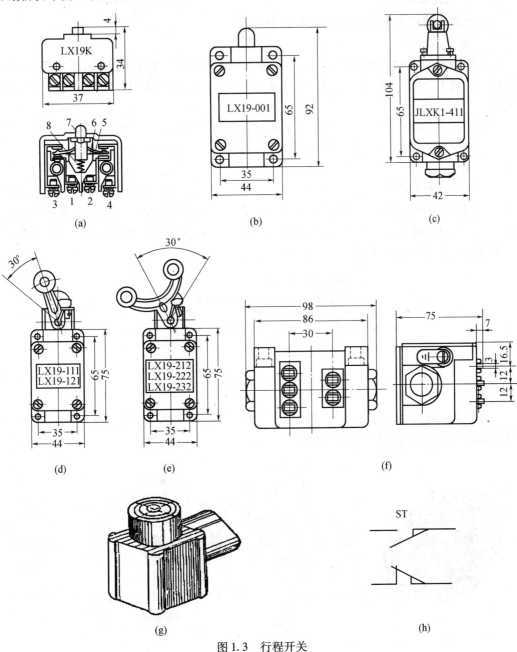

图1.3　行程开关

(a) 微动开关;(b) 传动杆直动自动复位式;(c) 单滚轮直动自动复位式;

(d) 单滚轮摆杆自动复位式;(e) 双滚轮非自动复位式;

(f) JW2-11Z/5 型组合式;(g) LJ1-24 型无触点;(h) 图形符号。

3

三、交流接触器

交流接触器是继电接触器控制系统应用最多的一种控制电器,常用作接通和断开电动机绕组或其他用电设备的大电流负载电路。

1. 交流接触器构造

接触器在结构上主要分为两大部分组成。

1）触点系统

接触器的触点按照作用不同可分为主触点和辅助触点。前者体积大,适合接通和分断较大负载电流的电路(即主电路);后者体积较小,只能接通和分断较小电流的控制电路。

接触器的主触点有三对常开触点,辅助触点有两对常开触点和两对常闭触点。

触点是接触器的执行部分,因此必须工作可靠,一般都用银或银合金制成。

2）电磁系统

接触器的电磁系统通常采用电磁铁形式,交流接触器为减少涡流,电磁系统的铁芯和衔铁要用成型的硅钢片叠成,如图 1.4 衔铁作直线运动螺旋管式。为了防止衔铁在吸合时产生的震动和噪声,在铁芯的顶部都装有分磁环。关于分磁环的作用在《电工技术》教材中电磁铁章节已做论述,在此不再赘述。

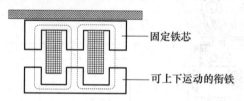

图 1.4　直线运动螺旋管式

将触点系统和电磁系统通过支架底座联系起来组成了交流接触器。图 1.5 为 CJ10 - 20 型交流接触器的结构原理和图形符号。

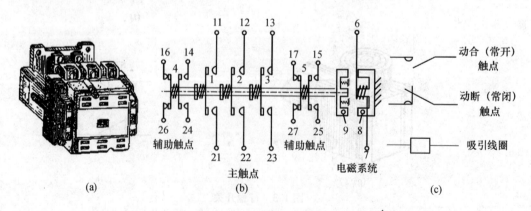

图 1.5　CJ10 - 20 型交流接触器

(a) 外形;(b) 结构原理;(c) 图形符号。

2. 工作原理

交流接触器和按钮的分断与接通状态相似,它有释放和动作两种状态。电磁铁的线圈6-7在断电时,接触器处于释放状态。这时在复位弹簧的作用下,衔铁9通过绝缘支架将所有的动触点推向最左端,因此静触点 11-21、12-22、13-23、14-24、15-25 都是分断的。其中 11-21、12-22、13-23 为三对常开的主触点,14-24、15-25 为两对辅助的常开触点。这时的 16-26、17-27 被相应的动触点(动触桥)闭合,所以它们是两对常闭的辅助触点。

当磁铁的线圈6-7接通交流电源时,线圈电流产生的磁场吸力足以使衔铁克服弹簧的弹力被固定的铁芯吸合,这时所有支架上的动触桥移至最右端,原来的两对辅助的常闭触点 16-26、17-27 分断,而两对辅助的常开触点 14-24、15-25 转为闭合。控制吸引线圈的通电与断电就可以使接触器的触点由分断转为闭合,或由闭合转为分断。

其实交流接触器的工作原理叙述时十分简单,但在应用时,初学者往往会忽略了主触点与辅助触点是同时动作的,即在吸引线圈通电时三对常开的主触点和两对常开触点的辅助触点同时闭合,两对常闭的辅助触点同时分断。

3. 接触器的应用

图1.6为电动机的启停控制的接线原理图。

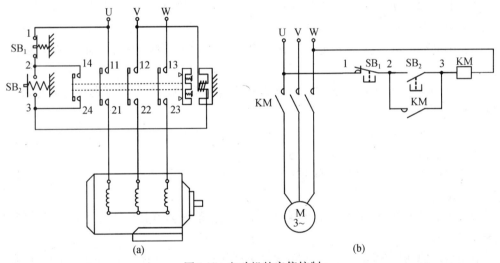

图1.6 电动机的启停控制

(a)示意图;(b)原理图。

工作过程如下:

如图1.6(b)所示,按下 SB$_2$ 启动控制按钮,接触器 KM 的吸合线圈通电,KM 的主触点闭合,电动机的三相定子绕组接通三相电源产生旋转磁场,于是电动机的转子开始转动。由于接在线圈通电回路中的辅助触点 14-24 也随主触点的闭合而闭合,所以松开按钮吸合线圈也不会断电,可维持电动机不停地转动。可见,辅助触点 KM 起到了将线圈自锁的作用,因此该触点称自锁触点。如果没有自锁触点,那么电动机只能由按钮控制启动、停止(称为点动)。

KM 的三对主触点接在大电流的负载电路中(称为主电路),KM 的辅助触点接在小电流的线圈电路中(称为控制电路)。显然,可以通过接触器的线圈小电流控制接触器的负载大电流,从这个意义上可认为交流接触器有放大作用。

4. 交流接触器的特点

(1)交流接触器具有放大作用。常用的交流接触器线圈电流多为毫安数量级,而电动机绕组的电流可为数十安至数百安的数量级电流。

(2)交流接触器具有失电保护作用。电路断电后,主触点和辅助触点同时分断,重新来电后,电动机及其他用电设备不会自启动。

(3)可以实现远距离控制。控制电路和主电路放在不同的位置,可以在安全的地方操纵,避免发生人身事故。

(4)可以实现联锁和互锁控制。

四、继电器

在继电接触器控制系统中,大量使用各种类型的继电器。继电器是当较小的电功率、机械功率或其他功率对它作用时,其所控制的电路便自动接通或断开。

常用的继电器有以下几种类型:

(1)电流继电器:当通过继电器线圈的电流达到一定数值时,其触点系统将动作,电流减小到一定数值时,触点系统将返回常态。

(2)电压继电器:当继电器线圈上的电压达到一定数值时,其触点系统将动作,电压降到一定数值时,触点系统将返回常态。

(3)中间继电器:其实它就是一种电压继电器,所不同的是,其触点数量多,可以传递多路信号。

(4)时间继电器:当继电器的线圈接通电源或断开电源时,需要延迟一定的时间才能使触点系统动作或返回常态。

(5)速度继电器:当传递到继电器转轴的转速达到一定数值时,触点系统将动作,转速降到一定数值时,触点系统返回常态。

(6)热继电器:当通过继电器的热元件电流达到一定数值时,它的触点将断开,切断电源保护用电设备。

(7)压力继电器:当作用于继电器中承压元件上的液体或其他压力达到一定数值时,其触点将动作。

中间继电器、时间继电器、速度继电器是应用较多的三种继电器,下面详细介绍它的结构、工作原理及应用。

1. 中间继电器

1)中间继电器的结构及工作原理

中间继电器与接触器结构基本相同,只是主要的用途不同而已。如果接触器是用来接通和分断大电流的负载电路(即主电路),那么中间继电器主要用于接通或分断小电流的控制电路。因此,中间继电器的触点系统和电磁系统在结构上都比较小巧,但触点的数量较多。

图1.7(a)是常用的JZ7系列交流中间继电器的外形图,它有4对常开触点和4对常闭触点;图1.7(b)为触点和线圈的图形符号和文字符号。

中间继电器的工作原理与交流接触器完全相同,简单地说,也是当线圈接通交流电源后,

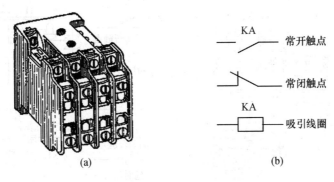

图 1.7 JZ7 系列中间继电器

(a)外观图;(b)触点和线圈的图形符号和文字符号。

电磁磁力带动支架运动使常闭触点断开、常开触点闭合。线圈断电后触点系统恢复常态。

2)中间继电器的应用

(1)可将小功率的控制信号转换为大功率的触点动作,可编程控制器(PLC)中就是将 PLC 的控制信号转换为中间继电器的触点控制信号,然后用中间继电器的触点控制大容量的交流接触器线圈,再用交流接触器的触点接通或断开大功率的负载(如电动机),如图 1.8(a)所示。

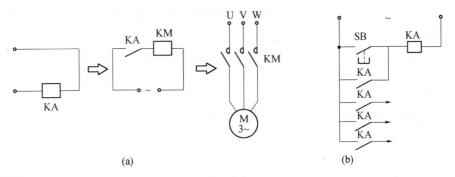

图 1.8 中间继电器的应用

(2)扩充触点的数量,实现多路控制,如图 1.8(b)所示。

2. 时间继电器

在继电接触器控制系统中,有时需要控制一个电器和另一个电器的动作时间间隔,或按时间控制一个操作和另一个操作的先后顺序,这都需要通过时间继电器的协助来完成。例如,在电动机的星形—三角形自动启动电路中,电动机的三相定子绕组先用一个接触器接成星形进行降压启动,经过一定时间的延迟,再用另一个接触器将定子绕组转换成三角形接法转入正常的工作状态。时间继电器的种类很多,电器控制电路中常用的是空气阻尼式时间继电器。

1)时间继电器的结构

空气阻尼式时间继电器是利用空气单向通过小孔节流的原理获得延时动作的。根据触点延时的特点又可分为通电延时动作和断电延时复位两种类型,不论是通电延时型还是断电延时型,它们的结构及工作原理完全相同,只是电磁铁安放的位置不同,图 1.9 为

7

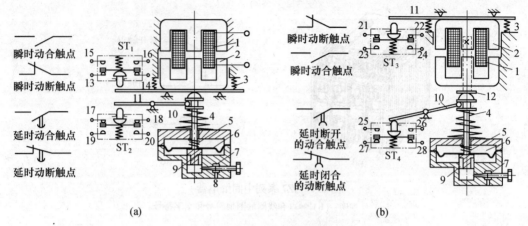

图 1.9　空气阻尼式时间继电器

(a) 通电延时型；(b) 断电延时型。

空气阻尼式时间继电器的结构示意图。

（1）触点系统。时间继电器的触点系统由固定在机身上的两个微动开关组成，一个为有延时作用的，称为延时动作触点，另一个没有延时作用的，称为瞬时动作触点。

（2）电磁铁。电磁铁由铁芯和线圈组成。衔铁和挡片焊在一起，衔铁被吸合后挡片11将压下行程开关，行程开关的触点的状态将瞬时改变。图1.9(a)的ST_1和图1.9(b)的ST_3为瞬时动作的触点。

（3）空气阻尼系统。空气阻尼系统是时间继电器的核心部件，通过小孔节流的原理获得延时作用。

2）时间继电器的工作原理

时间继电器有两种类型。一种是通电延时型（图1.9(a)），另一种是断电延时型（图1.9(b)）。

（1）通电延时型继电器。其工作原理：线圈1断电时，衔铁2在复位弹簧3的作用下，将活塞9推向最下端。这时橡皮膜6下方气室内的空气都通过橡皮膜6、弹簧5和活塞9的肩部所形成的单向阀从橡皮膜上方的气室缝隙中顺利排出，而软弹簧4则被压缩。线圈断电时状态即是常态。

当衔铁通电后，衔铁向上被吸合，活塞杆在软弹簧的作用下开始向上移动。活塞移动的速度取决于进气口8的节流程度而定，通过螺旋的转动可以调节。经过一定的延迟时间后活塞才移动到最上端。这时通过杠杆10就将行程开关ST_2压动——使常闭触点17 - 18分断、常开触点19 - 20闭合。这两对触点均是在时间继电器线圈通电吸合，并经过一定的延迟时间后才动作的，所以17 - 18称为常闭触点延时断开，而19 - 20称为常开触点延时闭合。而行程开关ST_1是在衔铁吸合之后立即动作的，所以称触点13 - 14为瞬时动作的常闭触点，15 - 16称为瞬时动作的常开触点。以上讨论的是线圈通电，衔铁吸合后的两个行程开关触点动作过程。但当线圈断开时，衔铁在弹簧3和重力的作用下立即复位，活塞瞬时被压到最下端，行程开关ST_1、ST_2都立即复位。可见，通电延时型时间继电器在线圈通电后触点有延时作用，线圈断电时触点立即复位是没有延时作用的。这点很重要，在应用时要牢记。

（2）断电延时型时间继电器。将电磁铁翻转180°安装后即为图1.9(b)所示的为止。断电延时型时间继电器在常态时行程开关ST_4已被压动，所以这时触点27−28为常闭触点、25−26为常开触点。活塞在最上端的位置。线圈通电后衔铁向下运动，活塞立即被压倒最下端，ST_4立即复位，ST_3也被挡板立即压下，触点瞬时动作，所以断电延时型时间继电器通电没有延时作用。断电后的延时作用又是活塞缓慢向上端移动、触点延时动作的过程。触点25−26为常开触点断电延时断开，触点27−28为常闭触点断电延时闭合，它们在线圈通电时是瞬时动作的，没有延时作用。时间继电器延时时间通过调节单向进气小孔8侧面的螺栓来实现。

3. 速度继电器

在异步电动机反接制动中，需要根据电动机的转速变化使电动机准确可靠的停止，也就是说，当电动机的转速下降到近似为零的瞬间，断开电路的电源，避免电动机反方向旋转起来。能反映转速或转向变化的继电器就是速度继电器。

1）速度继电器的结构

图1.10(a)是速度继电器的结构原理图，图1.10(b)是速度继电器的图形符号，图1.10(c)是安装图。速度继电器外形很像一台小电动机，它的轴1通过橡胶制成的联轴节与电动机的轴或生产机械某根主轴连接起来。

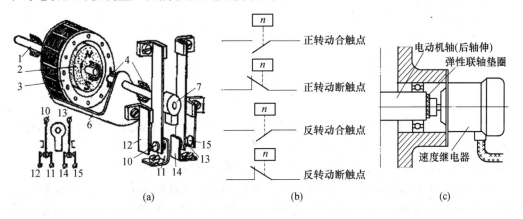

图1.10　速度继电器

(a)结构原理；(b)图形符号；(c)速度继电器的安装。

速度继电器结构主要由异步电动机、支架6和顶块7及触点系统组成。速度继电器的轴1上装有圆柱形的永久磁铁2，它相当于异步电动机的定子，它外面套有用硅钢片叠制的圆环3，它即相当于异步电动机的转子，定、转子之间有一很小的空隙。圆环3固定在支架6上，支架6又装有顶块7，它们通过相对应的轴承组合在一起，相当于笼型异步电动机。速度继电器的触点系统有4个静触点11−12及14−15，两个动触点为10、13。常态下组成两对常开触点和常闭触点。动触点由弹簧片做成，上端固定。

2）速度继电器的工作原理

当电动机工作时，将通过速度继电器的轴1带动永久磁铁2的定子旋转，因为定子2为永久磁铁，有N极和S极，所以将产生旋转磁场。定子的旋转磁场感应到笼型电动机的转子上，转子3将随着旋转磁场的转向而转动，支架和顶块也要随之转动。但顶块处于两个动触点 10、13 之间,不能随意转动,只能转过一个小的角度。例如,当转子顺时针转动时,顶块将使常态时常闭触点 10、11 分断,常开触点 10、12 接通;当转子逆时针转动时,顶块将使常态时的常闭触点 13、14 分断,常开触点 13、15 接通。当电动机停止转动后,动触点由于弹力作用复位,恢复常态。

速度继电器触点的动作转速为 300 r/min,复位转速为 100 r/min,为避免损坏应限制最高转速不得超过 3000 r/min。

3）速度继电器的应用

速度继电器主要用于异步电动机的反接制动,图 1.11 为异步电动机反接制动的电气原理图。

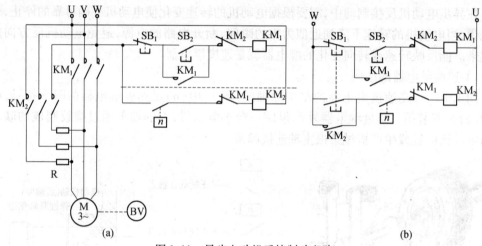

图 1.11　异步电动机反接制动电路

图 1.11(a)是用速度继电器实现的反接制动的电路图。图中虚线以上的为电动机的启、停控制部分,虚线以下的为反接制动控制部分。它的控制过程:接下启动按钮 SB$_2$,接触器线圈 KM$_1$ 得电,KM$_1$ 的主触点和辅助触点同时闭合电动机启动。假设为正转方向运转,当达到速度继电器动作转速时,BV 的常开触点闭合,但因为 KM$_1$ 的辅助常闭触点已断开,KM$_2$ 线圈不会得电,这时已闭合的 BV 常开触点为反接制动做好准备。当要制动时,按下 SB$_1$,KM$_1$ 线圈断电,KM$_1$ 主触点断开,电动机停止供电,KM$_1$ 的辅助常闭触点复位接通了 KM$_2$ 的线圈通电回路,KM$_2$ 主触点闭合电动机产生了反方向的选择磁场,电动机的转速迅速下降,下降到 100r/min,BV 的触点自动断开复位,KM$_2$ 线圈断电,主触点断开,脱离电源,电动机停止转动。

反接制动瞬间,电动机绕组的电流近似 2 倍的启动电流,为限制制动电流过大,在反接制动电路中应串入电阻。

图 1.11(b)是图 1.11(a)的改进电路,它可以避免手动转动主轴时,由于 BV 触点的闭合电动机自动反向旋转造成人身事故。

1.2　保护电器

电气电路中最主要的故障是短路和过载,为防止电路的短路和过载事故的发生,要有相应的电器进行保护。

10

一、熔断器

熔断器是最简单有效的短路保护电器。主要部件是用电阻率较高且易于熔化的合金做成熔体,它可以是熔丝或熔片。将它串联在电路中,正常状态下熔丝或熔片不会熔断,但在短路或严重过载时它就立即熔断切断电源。

熔断器的种类有管式、插式和螺旋式三种。螺旋式熔断器多用于有震动的生产机械中,图1.12为插式熔断器和螺旋式熔断器的外观图。

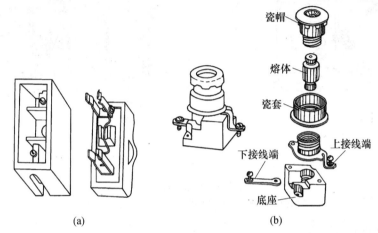

图1.12 熔断器
(a)插式熔断器;(b)螺旋式熔断器。

熔断器熔丝的电流选择如下:

1. 电阻性负载

熔丝额定电流 = 1.5 倍所有负载的额定电流

2. 电感性负载

(1)单台电动机:

不额定启动时,有

熔丝的额定电流 ≥ 电动机的启动电流/2.5

额定启动时,有

熔丝的额定电流 ≥ 电动机的启动电流/(1.6 ~ 2)

(2)多台电动机:

熔丝的额定电流 = (1.1 ~ 2.5) × 容量最大电动机的额定电流 + 其余电动机的额定电流之和

二、热继电器

熔断器主要是保护电路的短路,而电路电流超过用电设备的额定电流时称为过载。例如,电动机的负载转矩增大,电动机绕组的电流增大,当超过电动机的额定电流时,就使表示电动机过载运行。这时加大的绕组电流会使电动机温度升高,如不采取措施,长期工作就会导致绝缘破坏,电流继续增加,温度继续升高直至绕组烧毁。所以过载保护是用电设备不可缺少的保护措施。

1. 热继电器的结构

图 1.13 为热继电器的外型及结构原理图。

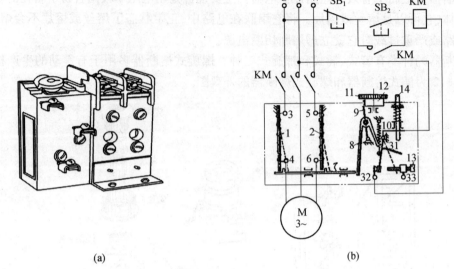

(a)　　　　　　　　　　　　　　　　(b)

图 1.13　热继电器

(a) JR10 – 40 型热继电器外形；(b) 结构和应用原理。

热继电器的主要部件：

(1) 双金属片和热元件。热元件即是电阻丝 3 – 4、5 – 6，双金属片是两层膨胀系数相差较大的金属片轧焊在一起做成的。双金属片为 1 和 2，被热元件包裹起来且它的上端固定不动。使用时将热元件与电动机绕组串联起来，如图 1.13(b) 所示。

(2) 传动机构和触点系统。传动机构包括滑杆 7 和人字拨杆 8、9。触点系统为常闭触点 31 – 32 及常开触点 31 – 33。

2. 热继电器的工作原理

电动机工作时，电流通过热元件加热了双金属片。由于双金属片的左右两层为膨胀系数不同的两种金属，上端又固定，因此双金属片就要向膨胀系数小的一侧弯曲，假设向右弯曲，如图 1.13(b) 中虚线所示。这时，它通过滑杆 7 和人字拨杆 8 而顶向动触片 31，如果电动机在额定负载下工作，双金属片给动触片的推力并不足以克服弹簧 10 对动触片的拉力，因此 31 – 32 仍处于闭合状态。如果电动机继续过载，过一段时间双金属片弯曲程度加大，当弯曲力一旦超过弹簧的拉力时，动触片就摆在右边，31 – 32 常闭触点断开，使接触器 KM 线圈断电，主触点断开脱离电源，电动机停止转动起到过载保护的作用。

三、自动开关

自动开关也称自动空气断路器或空气开关，它是一种既有开关作用又可实现短路和过载保护的电器。

图 1.14 为自动开关的原理图。它由主触点、连杆装置、过流脱扣器和欠压脱扣器等组成。主触点通常是用手动机构闭合的，当容量较大时也可采用电磁机构自动闭合，主触点的闭合与断开可使三相电源引入和隔离。主触点闭合后通过连杆装置被锁扣锁住。如

果电路发生故障,脱扣机构就在有关脱扣器的作用下将锁扣脱开。主触点在释放弹簧的作用下迅速分断。脱扣器有过流脱扣器和欠压脱扣器两种,它们都是电磁铁。电路正常工作时,过流脱扣器的衔铁是释放的,一旦发生短路或严重过载时,与主电路串联的线圈就产生较强的电磁吸力把衔铁往下吸也顶开锁扣,使主触点断开。欠压脱扣器的工作与过流脱扣器恰恰相反,在电压正常时吸住衔铁,主触点才得以闭合,一旦电压下降或断电,衔铁释放使主触点断开。当电源电压恢复正常时,必须重新合闸后才能工作,因此它也起到了欠压保护的作用。

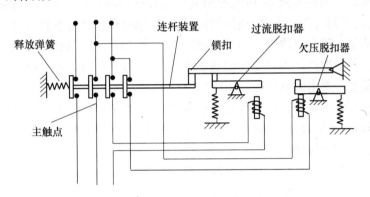

图 1. 14　自动开关的原理图

第二章　电气控制电路的基本环节

电气控制设备的种类繁多,电气控制电路也各不相同。然而任何一个复杂的电气控制电路,不论使用的元件如何多,连线如何复杂,仔细分析后就会发现,它们都是由一些电气控制电路的基本环节组成的。因此,在设计电气控制系统时,只要掌握了设备的生产工艺要求,合理、巧妙地选择各种不同的基本环节,再对基本环节进行有机的组合与完善,就可设计出满足生产要求的电气控制系统。

电气控制电路主要由各种电气元件组成的,所以必须熟练掌握常用电气元件的结构、工作原理、图形和文字符号,这样才能在控制电路中正确使用这些元器件的图形和文字符号,绘出电气控制的电路图。表2.1为常用元件的名称、文字符号及所属各部件图形符号的表示方法。图形和文字符号是国家最新统一规定的标准。

表 2.1　常用电气元件图形、文字符号

序号	名称	文字符号	触点图形符号			线圈图形符号	其他图形符号
1	自动开关	Q 或 QC	U V W 的三相自动开关触点符号				
2	转换开关	Q 或 QC	U V W 的三相转换开关触点符号				
3	交流接触器	KM	主触点 常开(动合)	辅助触点 常开(动合)	辅助触点 常闭(动断)	线圈符号	
4	控制按钮	SB	常开(动合)触点	常闭(动断)触点			

序号	名称	文字符号	触点图形符号			线圈图形符号		其他图形符号
5	行程开关	ST	常开（动合）触点		常闭（动断）触点			
6	中间继电器	KA	常开（动合）触点		常闭（动断）触点			
7	热继电器	KR	常开（动合）触点		常闭（动断）触点			热元件
8	熔断器	FU						
9	时间继电器	KT	瞬动触点 常开 / 常闭	延时动作触点 通电延时 常开 / 常闭	延时动作触点 断电延时 常开 / 常闭	通电延时	断电延时	
10	速度继电器	BV	常开（动合）触点		常闭（动断）触点			

基本环节是电气控制系统中很小的一个局部，在论述电气控制电路的基本环节前，要对电气控制系统原理图的画法有足够的了解。

2.1 电气原理图的画法

一、电气原理图

电气原理图是将各种电气元件的图形和文字符号，按实现一定的控制要求，所组成的电路图。

电气原理图必须使用国家统一规定的图形和文字符号。图2.1为C620卧式车床的电气原理图。

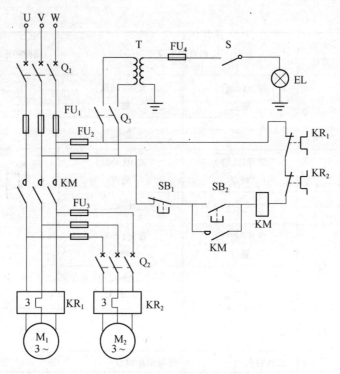

图 2.1 C620 卧式车床电气原理图

二、电气原理图的画法

电气原理图表示电气控制电路的工作原理以及各电气元件的作用和相互关系,而不考虑各种元件的实际安装位置和实际连线的情况。绘制电气原理图,一般要遵循下列规则:

(1) 电气控制部分分主电路和控制电路。主电路用粗实线绘制,而控制电路用细实线绘制。主电路画在左侧,控制电路画在右侧。

(2) 电气控制电路中,同一电气元件的各部件,如接触器的线圈和触点常常不画在一起,但要用同一文字符号标注。

(3) 电气控制电路中的全部触点都按"常态"画出,"常态"即是接触器、继电器线圈未通电时的触点状态;按钮、行程开关等不受外力作用时的触点位置;主令电气控制器置于零位时各触点的位置。

三、其他图纸

对于一个设备的电气控制系统,除具有电气原理图外,为满足设备安装和维修的需要还有与原理图相关的其他图纸。

1. 电气设备安装图

电气设备安装图表示各种电气设备在电气控制柜(箱)中的实际安装位置,它由设备结构和工作要求决定。如机床的电动机要与被拖动的机械部件在一起,行程开关要放在需要按行程控制的地方,操作元件要放在操作方便的地方,电气元件一般放在电气柜

16

（箱）内。

2. 电气设备接线图

电气设备接线图表示各电气设备之间的实际接线情况。绘制电气设备接线图时,应把各电气元件的各个部分(如触点与线圈)都画在一起;文字符号、元件连接顺序、电路编号都必须与原理图一致。图2.2为某控制电路的接线图。

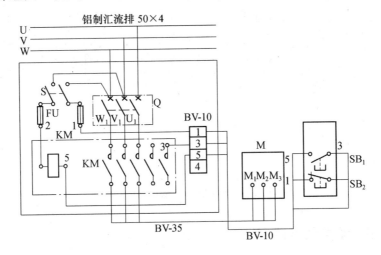

图2.2 某控制电路的接线图

2.2 异步电动机的启动控制电路

笼型异步电动机有直接启动和降压启动两种方式。

一、直接启动控制电路

一般14kW以下的电动机及其他用电设备均采用直接启动的方式,直接启动即是设备在启动时,直接加上设备正常工作时的电压。

图2.1所示的C620卧式车床无论是主轴电动机和冷却泵电动机都采用了直接启动方式,一般小型台钻和砂轮电动机等都可以用开关直接启动,如图2.3所示。也可以采用接触器的直接启动方式,如图2.4所示。

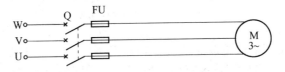

图2.3 用开关直接启动电路

在图2.4控制电路中的辅助常开触点KM称为自锁触点。其作用是,当松开启动按钮SB₂后,仍然能保持KM线圈通电,电动机运行。通常将这种用接触器本身的触点来使线圈保持通电的环节称为自锁环节。

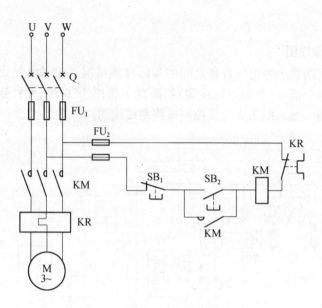

图2.4 用接触器直接启动电路

二、降压启动控制电路

较大容量的笼型电动机或其他用电设备一般要采用降压启动方式。降压启动有星—三角降压启动(丫—△降压启动)、定子串电阻降压启动、自耦变压器降压启动三种方法。

1. 星—三角降压启动控制电路

降压启动方式要求电动机的定子绕组在正常工作时,一定是接成三角形的。启动时,先将定子绕组接成星形,每相绕组承受的是220V电压。待启动即将结束时,再将定子绕组转为三角形,每相绕组承受380V电压,用这种启动方法可以减小定子绕组的启动电流。

图2.5是丫—△启动电路。从主电路可知,首先控制电路使电动机绕组接成星形,(即 KM₃ 的主触点闭合),经过一段时间的延时后再接成三角形(即 KM₂ 主触点打开,KM₂ 的主触点闭合),则电动机就能实现降压启动。控制电路的工作过程如下:

KM_2 和 KM_3 的常闭触点是保证接触器 KM_2 和 KM_3 不会同时通电,以防造成电源相间短路。KM_2 的常闭触点保证丫—△转换结束后,使时间继电器 KT 断电(启动结束后已不需要 KT 通电,否则会造成电能白白的损耗)。

图2.6是两个接触器和一个时间继电器进行丫—△转换的降压启动控制电路。电动机定子绕组连接成丫或△都是由接触器 KM_2 完成的。KM_2 断电时,电动机定子绕组由 KM_2 的常闭触点连接成丫;KM_2 通电时,电动机定子绕组由 KM_2 的常开触点连接成△。对于4kW ~ 13kW 电动机可采用图2.6两个接触器换接的控制电路,14kW 以上的电动机

18

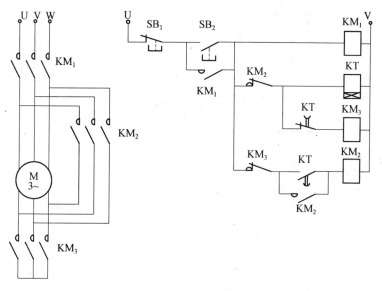

图 2.5　Υ—△降压启动控制电路(一)

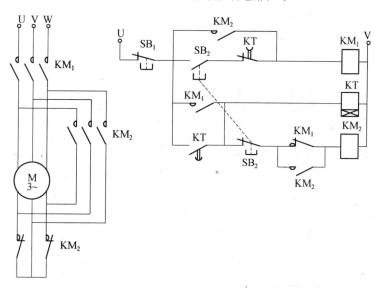

图 2.6　Υ—△降压启动控制电路(二)

要采用图 2.5 所示的三个接触器换接电路。

2. 定子串电阻降压启动控制电路

图 2.7 是定子串电阻降压启动控制电路。电动机启动时在三相定子电路中串接电阻,使电动机定子绕组电压降低,启动结束后将电阻短路,电动机定子绕组在满电压下运行。这种启动方式接线简单,但启动时浪费电能,所以一般情况下很少采用。图 2.7 控制电路的工作过程如下:

按SB₂ ┬→ KM₁得电(定子串电阻启动)
　　　└→ KT得电 ──延时──→ KM₂得电(短接电阻,满电压下运行)

19

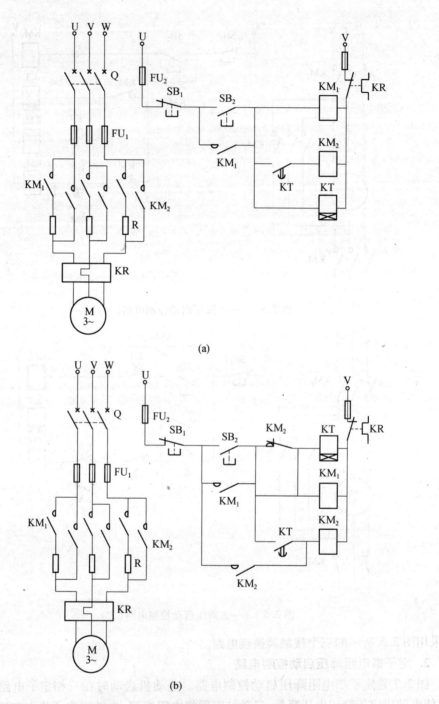

(a)

(b)

图 2.7　定子串电阻降压启动控制电路

　　该电路只要 KM₂ 得电就可使电动机正常运行。但图 2.7(a)所示的电路在电动机启动后 KM_1 与 KT 线圈一直得电,这样会损耗电能。图 2.7(b)所示的电路就不存在这个问题,因为在 KM_2 得电后,其常闭触点将 KM_1 及 KT 断电,KM_2 线圈自锁,电动机在正常电压下运行。

3. 自耦变压器降压启动

自耦变压器降压启动既可以在启动时降低加在电动机定子绕组的电压，而且由于自耦变压器降压主要是通过电感，不损耗电能，也属于降压启动的一种方式。但这种启动方式设备费用较大，通常用来启动大型的特殊电动机，一般设备上使用很少，故不介绍它的控制电路。

2.3 异步电动机的正、反转控制电路

电动机的正、反转控制是生产机械普遍需要的。在电工技术课中已经讲过，只要调换电动机三相定子绕组中的任意两相的相序接到电源上，三相定子绕组的旋转磁场方向就得到改变，所以电动机转动方向也就发生了改变。

一、电动机的正、反转控制电路

可以用两个接触器 KM_1 和 KM_2 来实现电动机三相定子绕组相序的改变。如果 KM_1 为正转接触器，KM_2 为反转接触器，通过图 2.8 所示的电路就可以实现电动机的正、反转。

从图 2.8 中可知，按下正转控制按钮 SB_2，正转接触器 KM_1 线圈得电，它的主触点 KM_1 闭合，使电动机正转，同时 KM_1 的辅助触点（与 SB_2 并联的常开触点）也闭合，使线圈自锁。按下停止按钮 SB_1，接触器 KM_1 线圈失电，它的主触点和辅助触点都复位，电动机停止转动。按下反转控制按钮 SB_3，同理，反转接触器 KM_2 线圈得电，KM_2 的常开触点闭合，电动机反转。

从图 2.8(a) 可以看出，这个正、反转控制电路有两大缺点：

(1) 操作错误会造成相间短路。假如电动机正在执行正转，若想停止应该按下停止按钮 SB_1，如果错误地按下 SB_3，这时相当于 KM_1、KM_2 都得电，从主电路中很容易看出，这样就会造成电源两相间的短路。

(2) 操作麻烦。因为避免电源相间短路的唯一办法是，从一个转向变为另一个转向

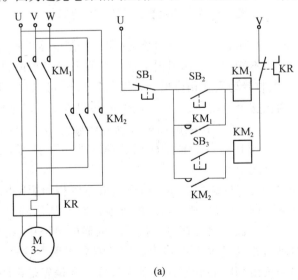

(a)

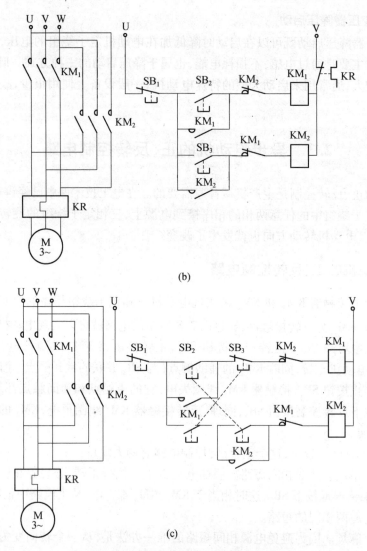

(b)

(c)

图 2.8 异步电动机正、反转控制电路

时,必须按下停止按钮,给操作者带来额外负担,这样的控制电路是不可取的。

一个好的控制电路绝不能因为操作错误就造成人身和设备事故,同时又要尽量地简化操作程序,以减轻工人的劳动强度和负担。采用图 2.8(b)可以解决操作错误造成电源相间短路的问题。因为在这个电路中,正转的通电电路串入了反转接触器的辅助常闭触点 KM₂;反转的通电电路串入了正转接触器的辅助常闭触点 KM₁,这样就避免了两个接触器同时通电的可能性。用接触器的辅助触点实现这种相互制约关系的方法称为"互锁"或"联锁",也称作触点互锁。

从图 2.8(b)也可看出,它只解决了操作错误造成电源相间短路的问题,但没有解决操作麻烦的缺点。为解决这一问题,把电路改进成图 2.8(c)所示的形式,在这个电路中,将正转启动按钮 SB₂ 的常闭触点串接在电动机反转的通电电路中;将反转启动按钮 SB₃ 的常闭触点串接在电动机正转的通电电路中。这样就会实现不管是按下正转启动按钮 SB₂,还是按下反转启动按钮 SB₃,按钮触点的动作过程一定是先是常闭触点断开,然后才是常开触点闭合,即先切断对方的通电电路后才接通自己的通电电路。这本身又是一种互相制约的关系,也是"互锁"或"联锁",称为按钮互锁。加入这两种互锁后就彻底解决了图2.8(a)所示电路中存在的缺点。图2.8(c)所示电路是所有控制电动机正反转的典型电路,被广泛应用于所有具有相互制约关系的电路中。

二、正、反转自动循环电路

图2.9是机床工作台往返循环的控制电路。在这里是用行程开关来自动实现电动机正、反转控制的,它广泛应用于具有位置控制要求,又可实现往复运动的生产机械中。

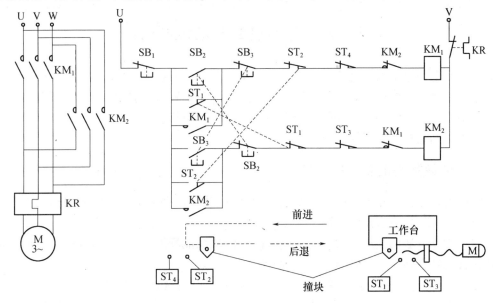

图2.9 行程开关控制的正反转电路

在图2.9所示的电路中,ST_1、ST_2、ST_3、ST_4为行程开关,按要求安装在固定的位置上,当撞块压下行程开关时,其常开触点(动合触点)闭合,常闭触点(动断触点)断开。其实这是按一定的行程要求,用撞块压动行程开关,代替了人工操纵按钮的作用。从图2.9中也可以看出,ST_1的常开触点和SB_2(常开触点)的作用相同,相互并联。同理,ST_2的常开触点与SB_3(常开触点)并联。行程开关的常闭触点与相应按钮的常闭触点的处理方法一样,也是"互锁"关系。

该电路的动作过程:按下正向启动按钮SB_2,接触器KM_1得电动作并自锁,电动机正转,工作台前进。当运动到ST_2位置时,撞块压下ST_2,ST_2的常闭触点使KM_1断电,但ST_2的常开触点又使KM_2得电动作并自锁,电动机反转,工作台后退。当撞块又压下ST_1时,使KM_2断电,KM_1又得电动作,电动机又正转使工作台前进,这样一直循环下去。

SB_1为停止按钮,SB_2与SB_3为正转(前进)与反转(后退)的启动按钮。限位开关ST_3与ST_4安装在前后的极限位置。当撞块压下ST_3或ST_4时,就切断后退或前进的通电电路,电动机停止运行,达到极限位置保护的目的。

正常情况下ST_3或ST_4是不会被撞块压下的,但由于工作台的不停往复运动,每次换向时,撞块都和行程开关ST_1和ST_2接触、碰撞,久而久之就可能出现撞块和行程开关固定的位置发生变化,也可能出现行程开关 ST_1 和 ST_2 损坏的现象,这时工作台向前运动到 ST_2 的位置时,电动机没有改变转向,工作台继续向前运动,接下来撞块再压下 ST_4,就切断正转的通电电路,电动机停止转动,要检查故障产生的原因。工作台向后运动的限位保护方法与向前相同,读者可自行分析。

上面分析的是利用行程开关进行位置控制和限位保护的电气控制方法。当电气控制出现失灵时,还要采用机械限位保护,即在工作台前进和后退的极限位置安装可以防止工作台继续运动的立柱,强行令其停止。这样的行程控制和限位保护方法普遍应用在机床、生产自动线、天车的生产机械中。

2.4 异步电动机的制动控制电路

只要是电动机拖动的生产设备都需要有制动装置。制动的方式有两大类,即机械制动和电气制动。机械制动采用的机械电磁抱闸或液压装置制动;电气制动是使电动机产生一个与原来转子的转动方向相反的制动力矩,使转子迅速停止。电气制动方式经常采用的是能耗制动和反接制动。

一、能耗制动控制电路

能耗制动是在三相异步电动机断开三相电源的同时,将定子绕组中的两相通入直流电,在转速为零时,将直流电源断开。

这种制动方法的实质是把转子旋转时储存的机械能转变为电能,这种电能可产生制动力矩又消耗在转子上,所以称为能耗制动。

图 2.10 为能耗制动电路,图 2.10(a)、(b)为分别用按钮和时间继电器实现的能耗制动电路。图中的整流装置由变压器和整流元件组成。KM_1 是电动机正常工作用的接触器,KM_2 为制动用接触器,KT 为时间继电器。图 2.10(a)为手动控制制动时间的能耗制动电路,要停车时按下 SB_1 按钮,制动结束后松开按钮。图 2.10(b)为用时间继电器自动控制制动时间的能耗制动控制电路,控制电路的工作过程如下:

按 $SB_2 \rightarrow KM_1$ 通电 $\rightarrow$ 电动机启动正常工作

$$\text{要停车时,按} SB_1 \begin{cases} \longrightarrow KM_1\text{断电,切断交流电源} \\ \longrightarrow KM_2\text{通电,接通直流电源} \\ \longrightarrow KT\text{通电} \xrightarrow{\text{延时}} KM_2\text{断电,制动结束} \end{cases}$$

制动作用的强弱与通入直流电的大小和电动机的转速有关,在同样的转速下,制动电流越大,制动作用越强。一般选取制动的直流电流为电动机额定电流的 1.5 倍~2 倍,电流太大会使定子绕组发热,甚至烧毁定子绕组。图 2.10 中的直流电源串接的可调电阻 RP 就是为调整制动电流的大小而设置的。显然,用时间继电器控制制动时间的电路,是按时间原则设计的。

二、反接制动控制电路

在电工技术课中已讲过,反接制动的实质是改变三相异步电动机定子绕组的三相电

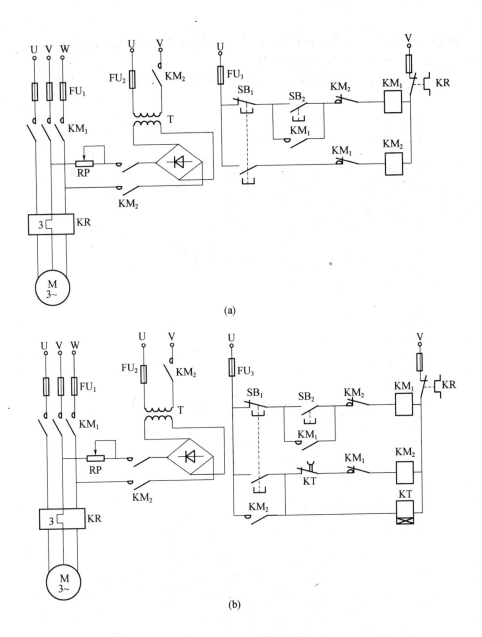

(a)

(b)

图 2.10　能耗制动控制电路

源相序,产生与转子转动方向相反的转矩而达到制动效果的。

　　反接制动的过程:当要停车时,首先将三相电源换接,然后转子的转速迅速下降,当转速降至接近零时,立即切除三相电源。

　　虽然,反转制动的关键是在转速接近于零时必须立即切除三相电源,否则电动机就要反转,能反应转速的元件就是速度继电器。

　　图 2.11(a)、(b)都是反转制动控制电路,从工作原理上分析电路都是正确的。但从实际应用的角度分析,只有图 2.11(b)所示电路可用,图(a)所示电路存在着安全隐患。

　　图 2.11(a)所示电路的工作过程如下:

按 SB_2 ──→ KM_1 通电，电动机正常工作 ──→ BV 常开触点闭合为反接制动做好准备

按 SB_1 ──┬──→ KM_1 断电，KM_1 的常闭触点复位

├──→ KM_2 通电开始制动 ──→ $n \approx 0$，BV 常开触点复位断开 ──→ KM_2 断电

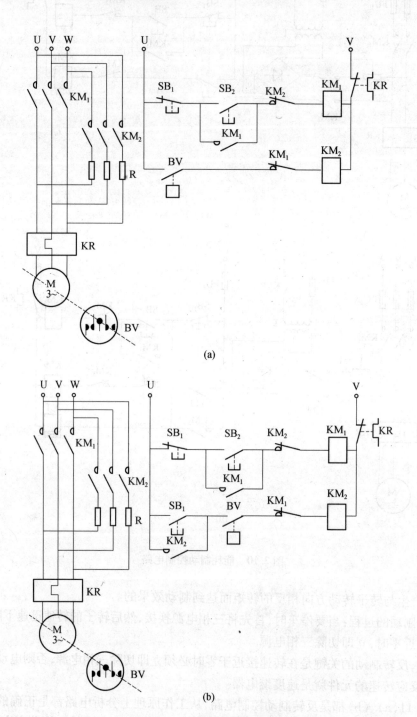

(a)

(b)

图 2.11 反接制动控制电路

26

图 2.11(a)所示的电路存在这样的一个问题,电动机尚未工作时,如需要调整刀具,工人用手转动主轴时,速度继电器的转子也将随之转动,当扳动主轴的转速达到速度继电器常开触点闭合的转速时,KM_2 就要得电动作,电动机就会接通电源产生转动,即不利于刀具的调整,也很容易造成人身事故,所以该电路是不可取的。

图 2.11(b)所示电路在 KM_2 通电电路中串入了 SB_1 的常开触点,在没人按下 SB_1 按钮时,扳动主轴虽可以使 BV 常开触点闭合,但 KM_2 不会通电,很好地解决了图 2.11(a)所示电路存在的问题。

因为电动机反接制动的瞬时电流可达到近似于 2 倍的启动电流,故在主电路中串入限流电阻 R,可以防止制动时电动机绕组过热。

比较两种制动的优、缺点不难发现,能耗制动具有制动准确、平稳、消耗能量少的优点,但制动电流较小、制动力矩较弱、制动时间长;而反接制动具有制动电流大、制动力矩强、制动时间短的优点,同时具有制动强烈、冲击较大,而且能量消耗也大。概括地说,能耗制动的优点就是反接制动的缺点,反接制动的优点又是能耗制动的缺点。所以不能简单地说哪种制动更好,而要根据使用场合的不同选择不同的制动方式,更能符合加工工艺对生产机械提出的要求。

2.5　双速电动机的高低速控制电路

双速电动机在生产机械中应用广泛,如搪床。双速电动机是通过改变定子绕组的接法,改变磁极对数实现调速的。如图 2.12 所示,将定子绕组的出线端 D_1、D_2、D_3 接电源,D_4、D_5、D_6 悬空,这时定子绕组为三角形接法。每相绕组中两个线圈串联,定子绕组为四个极,电动机为低速;当定子绕组的出线端 D_1、D_2、D_3 短接,而 D_4、D_5、D_6 接电源,这时定子绕组为双星形接法,每相绕组是两个线圈并联,定子为两个极,电动机为高速。

图 2.12 为三种双速电动机的高低速控制电路,图中的 KM_L 为低速接触器,KM_H 为高速接触器。图 2.12(a)所示电路用开关 S 实现高低速的转换;图 2.12(b)所示电路用控制按钮实现高低速的转换。图 2.12(b)所示电路实际上与电动机的正、反转控制电路完全相同,唯一的差别是接触器的名称不同。

实际应用的高低速控制电路经常有如下的要求:当选择低速时,电动机只为低速;当选择高速时,要求先接通低速启动,经延时转为高速运行。这一要求的目的是为了减小启动电流。因为高速(双星形)的启动电流大,会引起绕组过热。

图 2.12(c)就是满足上述要求的控制电路,用开关 S 作为高低速的转换,KM_L 为低速接触器,KM_H 为高速接触器,KM 为 D_1、D_2、D_3 短接用接触器,KT 是从低速转为高速的延时时间继电器。

图 2.12(c)所示高低速控制电路的工作过程如下:

选择低速(开关 S 搬到低速位置):

　　按 SB_2 按钮→KM_L 通电并自锁→电动机低速动行

选择高速(开关 S 搬到高速位置):

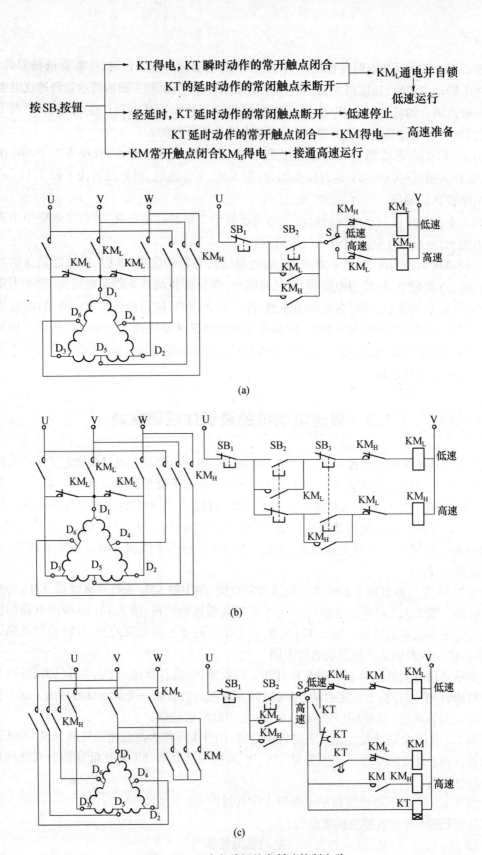

图 2.12 双速电动机的高低速控制电路

对于较小功率的电动机可采用图 2.12(a)、(b)所示的控制方式,较大功率的电动机采用图 2.12(c)的控制方式。

2.6 控制电路的其他基本环节

一、点动控制环节

生产机械正常加工时需要连续不停地工作,这种工作方式称为自动或称为长动(有自锁)。所谓点动,即是没有自锁,按下按钮电动机就工作,松开按钮电动机就停止。绝大部分的生产机械都需要点动功能,例如,机床刀架、横梁、立柱的移动,刀具的调整等。

图 2.13(a)是用按钮实现的点动控制电路(SB$_2$ 为自动按钮,SB$_3$ 为点动按钮);图 2.13(b)是用开关实现的点动控制电路(开关 S 闭合时为自动,断开时为点动);图 2.13(c)是用中间继电器 KA 实现的点动控制电路(SB$_2$ 为自动按钮,SB$_3$ 为点动按钮)。

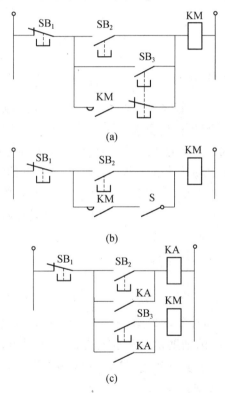

图 2.13 点动控制电路

二、自锁控制环节

自锁控制也称自保持控制,在自动状态下工作都必须具有自锁环节。实现自锁的方式可以是机械的,更多的是电气的方法。即在启动按钮的常开触点两端并联接触器的辅助常开触点。当按下启动按钮后,接触器的线圈通电,接触器的主触点和辅助触点同时动作,辅助的常开触点的闭合就替代了启动按钮常开触点按下的作用,这时启动按钮的作用已完成,松开后电路仍保持通电状态,这就是自保持名称的由来。自锁后需要解除时,必须按下停止按钮,接触器线圈断电,并联在按钮两端的辅助常开触点复位(断开)。

三、多点控制环节

在大型的生产机械中,为了操作方便,常需要在设备的不同位置都能对其控制,即多点控制。如图 2.14 所示,多点的启动按钮并联起来,多点的停止按钮串联起来,就可以在任意的位置进行启动和停止的控制。

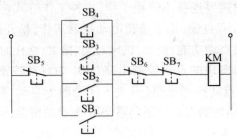

图 2.14　多点控制电路

四、顺序启、停控制环节

由多台电动机的组成的生产设备中,常要求电动机的启动或停止要按照一定的顺序进行。例如,液压控制的生产设备,均要求系统压力达到某一数值时才可以进行加工。这就要求先启动液压泵电动机,当压力达到某一数值后,压力继电器触点闭合,发出启动其他电动机的信号,这时才能启动其他电动机。又如,铣床的主轴电动机和工作台进给电动机在启动时,必须先启动主轴电动机,主轴的刀具具有切削能力,才能启动工作台进给电动机,否则,工作台的工件撞坏主轴的刀具。而停止时,又必须先停止工作台,然后才可以停止主轴,这样才能保证工件的光洁度的要求。

常用的顺序启、停电路有三种形式:

1. 顺序启动,统一停止

图 2.15 为顺序启动,统一停止电路。在该电路中,2SB 是 KM_1 接触器控制的电动机启动按钮,3SB 是 KM_2 接触器控制的电动机启动按钮,1SB 是统一停止按钮。只有按下 2SB 按钮,KM_1 得电后,KM_1 的辅助常开触点闭合,为启动 KM_2 所控制的电动机做好准备,这时按下 3SB,KM_2 才能得电,两台电动机都启动后,若按下 1SB,两个电动机均由于 KM_1 和 KM_2 的失电而停止转动。

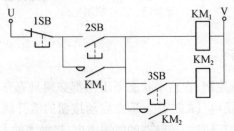

图 2.15　顺序启动,统一停止电路

2. 顺序启动,单独停止

图 2.16 为顺序启动,单独停止电路。在该电路中,启动过程是顺序进行的,停止是单独的。

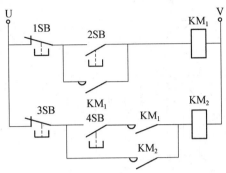

图 2.16　顺序启动,单独停止电路

3. 顺序启动,顺序停止

图 2.17 为顺序启动,顺序停止电路。在该电路中,启动的顺序为 $KM_1 \rightarrow KM_2$,停止的顺序为 $KM_2 \rightarrow KM_1$。停止时只有按下 3SB 按钮,使 KM_2 失电,KM_2 的辅助常开触点复位断开,解除了对 KM_1 线圈的自锁,1SB 才恢复了停止功能。在 KM_2 常开触点闭合的时间内 1SB 的作用失效。

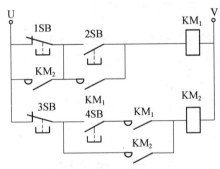

图 2.17　顺序启动,顺序停止电路

五、工作循环自动控制

图 2.18 是组合机床动力头的行程控制电路,它是通过行程开关按行程来实现动力头往复运动的。该电路完成这样一个工作循环:首先要使动力头 Ⅰ 由位置 b 移到位置 a 停下,然后动力头 Ⅱ 由位置 c 移到位置 d 停下,接着动力头 Ⅰ、Ⅱ 同时退回原位停止。

限位开关 ST_1、ST_2、ST_3、ST_4 分别装在床身的 a、b、c、d 处。电动机 M_1 拖动动力头 Ⅰ,电动机 M_2 拖动动力头 Ⅱ。动力头 Ⅰ 和动力头 Ⅱ 在原位(原始位置)分别压下 ST_1 和 ST_3,电路的工作过程:按下启动按钮 SB,KM_1 得电并自锁,使电动机 M_1 正转,动力头 Ⅰ 由原位 b 点向 a 点前进。当动力头 Ⅰ 到达 a 点位置时,ST_2 行程开关被压下,ST_2 常闭触点断开,KM_1 失电,动力头 Ⅰ 停止。同时,ST_2 的常开触点闭合,KM_2 得电,电动机 M_2 正转,动力头 Ⅱ 由 c 点向 d 点前进。当动力头 Ⅱ 到达 d 点时,ST_4 被压下,ST_4 的常闭触点断开,KM_3 失

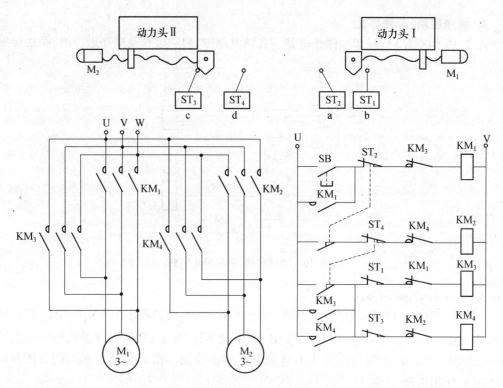

图 2.18　组合机床动力头的行程控制电路

电动力头Ⅱ停止。同时 ST_4 的常开触点闭合，KM_3 和 KM_4 同时得电并自锁，电动机 M_1 和 M_2 都反转，使动力头Ⅰ和Ⅱ都向原位退回，当退回原位时，行程开关 ST_1 和 ST_3 分别被压下，使 KM_3 和 KM_4 失电，M_1 和 M_2 电动机失电，两个动力头停止在原位。

　　KM_3 和 KM_4 接触器的辅助常开触点都起到自锁作用，这样可以保证动力头Ⅰ和动力头Ⅱ都准确退回到原位。

2.7　电动机的保护

　　电气控制系统除了能满足生产机械的加工工艺要求外，还要保证安全可靠的运行，所以要采用必要的保护措施。电气控制系统中常用的保护措施有过载保护、短路保护、零电压和欠电压保护、弱磁保护等。

一、短路保护

　　电动机绕组、导线的绝缘老化或损坏都会发生短路现象，强大的短路电流产生的电动力和温升可造成电气设备损坏。因此，在出现短路事故时，必须迅速切断电源。常用的短路保护元件是熔断器或自动开关。

1. 熔断器保护

　　将熔断器的熔体串联在被保护电路中，当电路发生短路时，熔体会自动熔断，切断电源，达到保护的目的。熔断器的整定电流大于或等于10倍的负载额定电流。

2. 自动开关保护

自动开关又称自动空气开关,它具有短路、过载和欠压保护功能。当电路发生上述故障时都能迅速切断电源。当故障排除后还可以重新合闸,不用更换熔断器的熔体。

通常,熔断器适用于自动化程度较低的系统,如普通的电源,小型电动机等,其他的场合均采用自动开关保护。自动开关是三相同时接通或断开电源,而熔断器在三相电路中,短路时可能只有一相被熔断,这样会造成电动机的两相运行而损坏电动机。

二、过载保护

过载保护主要是保护负载的超载运行。当负载超载运行时,它的电流已超过了该负载的允许的额定电流,但远小于熔断器的整定电流,短路保护不起作用。在这种情况下长期工作会使温升增加、绝缘破坏、寿命降低,严重时会烧毁电动机。所以除短路保护外,还必须具有过载保护的措施。过载保护要用热继电器或自动开关,它的整定电流为负载额定电流的1.2倍。

三、零电压与欠压保护

当电动机正在运行时突然停电,如果没有零电压保护,当电源恢复供电后,电动机会自启动,这样会造成设备或人身事故。为了防止电压恢复后电动机自行启动的保护为零电压保护。

许多生产机械都是利用按钮的自动复位作用和接触器触点的自锁作用实现零电压保护的,不必单设零电压继电器。例如,在图2.19的CW6140车床控制电路中,当电源电压

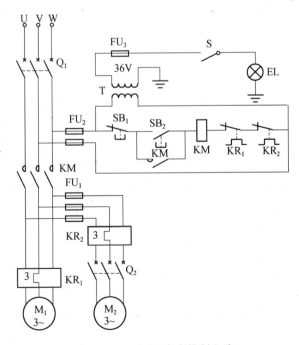

图 2.19   CW6140 车床控制电路

过低或断电时,接触器 KM 释放,它的主触点和辅助触点同时断开,切断电动机电源并失去自锁,当电源恢复时,操作人员必须重新按下启动按钮 SB₂ 才能使电动机启动,所以带自锁环节的电路本身就具备了零电压保护环节。

图 2.19 所示电路中的保护措施:短路保护,熔断器 FU;过载保护,热继电器 KR;零压保护,接触器 KM。

第三章　电气控制电路设计及电气元件的选择

生产机械一般都是由机械与电气两大部分组成的,设计一台生产机械,首先要明确该生产机械的技术要求,拟定总体技术方案。电气系统设计是总体设计的重要组成部分,电气系统设计要满足总体技术方案的要求。

电气设计涉及的内容很广,本章将概括介绍生产机械电气控制设计的基本内容。在介绍电气控制基本环节的基础上,重点阐述继电—接触器控制电路设计的一般规律及设计方法。

3.1　电气控制电路设计的一般方案

电气控制设计与机械结构设计是密不可分的,虽然是两种不同的设计,但相互之间有着密切的联系。例如,电气控制系统的走线要通过生产机械送到各个部件,需要机械设计人员在部件设计时留出走线的空间;又如,电气控制的信号有时要通过机械部分的作用产生,就要对机械设计人员在设计前就提出要求等。所以机械设计人员也要懂得电气控制的原理,电气控制设计人员也需要对机械设计有大概的了解。尤其是现代生产机械的结构、性能与电气控制的自动化程度密切相关,所以机电一体化的设计人员是当今急需的设计人才。

本节就生产机械电气控制设计的主要内容,以及电气控制系统如何满足生产机械主要技术性能加以讨论。

一、生产机械主要的技术性能

生产机械主要的技术性能是指机械传动、液压和气动系统的工作特性,以及对电气控制系统的要求。

二、生产机械的电气技术性能

生产机械的电气技术性能是指电气传动方案。它由生产机械的结构、传动方式、调速要求,以及对启动、制动、正反向要求等来决定。

机械的主运动与进给运动都有一定调速范围的要求,要求不同,采用的调速方案也不同,调速性能的好坏与调速方式密切相关。中小型机床,一般采用单速笼型异步电动机,用变速箱传动;对传动功率较大、主轴转速较低的机床,为了降低成本,简化变速机构,可选用转速较低的异步电动机;对调速范围、调速精度、调速的平滑性要求较高的生产设备,可考虑采用交流变频调速和直流调速系统,满足无级调速和自动调速的要求。

用电动机完成生产机械的正、反向运动比机械方法简单容易,因此只要条件允许,尽可能由电动机来实现。传动的电动机是否需要制动,要根据生产机械的需要而定。在电动机频繁启、制动或经常正、反转的情况下,必须采取措施限制电动机的启、制动电流。

三、电动机的调速性质应与负载的特性相适应

调速性质是指转矩、功率与转速的关系。我们知道,机床的切削运动(主运动)属于恒功率传动性质,而进给运动则需要恒转矩传动性质。所以机床的主运动需要恒功率的电动机,通过变速箱来进行调速,一定要选择交流电动机。这样才能保证电动机的调速性质和负载的调速性质相匹配,可以充分利用电动机的功率。而进给运动属于恒转矩调速性质,一定要用改变电枢电压且在额定转速以下调速的直流电动机和齿轮箱调速,来满足电动机的调速性质和负载的调速性质相匹配。

四、正确合理地选择电气控制方式

正确合理地选择电气控制方式,是生产机械电气设计的主要内容。电气控制方式应能保证机床的使用效能和动作程序,以及自动循环的基本要求。现代生产机械的控制方式与其结构密切相关,而且还深刻影响着机械结构和总体方案,所以电气的控制方式必须根据生产机械的总体技术要求来确定。

一般的普通生产机械,其工作程序往往是固定的,使用时并不需要经常改变原有的程序,这样的生产机械可采用有触点的继电—接触器控制系统,它属于控制电路接线为固定的"死"程序。有触点控制系统是靠继电器和接触器触点的接通与断开来进行控制的。其优点是控制的功率较大,控制方法简单、工作稳定、便于维护、成本低;缺点是程序不能改变。

随着计算机技术的发展,可编程控制器得到了广泛的应用。它是继电—接触器的有触点控制与计算机的无触点控制相结合的一种新型通用的控制部件。其优点是程序可编,而且还具有继电—接触器的优点。可编程控制器因为程序可编,大大缩短了电气设计、制造安装和调试的周期,使生产机械的电气控制系统具有较大的灵活性和适应性。

计算机技术的发展也带动了数字程序控制系统的发展,数字控制机床及加工中心近年来发展很快,它具有较高的生产率、较短的生产周期、较高的加工精度,并能加工一般机床加工不了的复杂的曲面零件,发展前景十分广阔。

五、电气控制系统设计要考虑供电电网的情况

电气控制系统设计要考虑供电电网的情况,如电网的容量、电压及频率。

综上所述,电气控制系统设计应包括以下内容:

(1)拟订电气控制系统设计说明书;

(2)拟订电气传动控制方案,选择电动机;

(3)设计电气控制系统的原理图;

(4)选择电气元件,制定外购电气元件目录表;

(5)设计电气设备的安装图;

(6)绘制电气设备的接线图;

(7)编写电气控制系统的说明书和操作说明书。

3.2　电气控制电路的设计方法

电气控制电路的设计方法有经验设计法(一般设计法)和卡诺图设计法(也称逻辑设计法)两种。

控制电路的经验设计法,主要应用在一些结构相对比较简单的电路中,根据加工工艺对电气控制系统提出的要求,选用不同的控制电路的基本环节,按其先后的逻辑关系和动作顺序将它们组合在一起。如果没有现成的基本环节,就要独立设计出合理的电路。这种方法主要依据基本的控制环节和实践的经验完成的,在一般复杂程度的电气控制系统中经常采用这种方法。对于较复杂的电路,经验设计法难以胜任时,就需要采用卡诺图设计法。这种方法的基本原理在电子技术课中的数字电路中讲述,因此在此不作介绍。

一、电气控制电路设计的一般要求

电气控制电路分为主电路和控制电路两大部分。主电路是流过负载电流的电路,例如,控制电路是控制一台电动机的启动、停止,那么流过电动机定子绕组的电流为负载电流。控制电路是流过控制电流的电路,电动机的启动、停止要靠其触点的接通、断开来实现,触点的接通与断开是由接触器线圈的通电与断电来实现的,所以线圈流过的电流电路就是控制电路。

不论是主电路的设计还是控制电路的设计,都必须满足以下要求:

(1) 保证整个系统安全可靠的工作,不能因为某个电气元件的误动作或损坏而发生事故,这是电气控制电路设计的基本原则;

(2) 在安全可靠的前提下,要尽量做到电路简单,电气元件的数量、规格要少,以降低造价;

(3) 控制电路的电源可以是110V、220V 和380V,当使用的元器件数量不多时使用220V 或380V,不使用控制变压器;

(4) 操作要简单、方便,不能增加操作者的额外负担;

(5) 电气控制电路必须具有可靠的短路和过载保护。

二、控制电路的设计步骤

对于一个电气控制系统,容易发现它具有如下规律:

生产的加工工艺,确定了各台电动机主电路接触器主触点的连接方法→确定了各接触器的通电顺序→确定了接触器线圈的通电顺序→设计出控制电路。

实现的设计工程中,有很多可以选用的基本控制环节,设计过程并不复杂。下面通过具体实例说明控制电路的设计步骤。

设计一冷库的电气控制电路,该冷库有 4 台电动机,即水泵电动机、冷却塔电动机、蒸发器风扇电动机和压缩电动机,还有 1 个电磁阀。要求:水泵电动机、冷却泵电动机、蒸发器电动机同时启动,而压缩电动机和电磁阀则需依次延时一段时间再启动;统一停止。

设计步骤如下:

(1) 设计主电路。因为水泵电动机、冷却塔电动机、蒸发器电动机为同时启动,而它们的容量不大,可以共用一个接触器。压缩电动机要滞后一段时间,而电磁阀又要滞后压缩电动机一段时间,所以它们两个分别用各自的接触器,通过接触器主触点的动作顺序,即可以实现延时启动的要求。图3.1是满足上述要求的主电路设计。

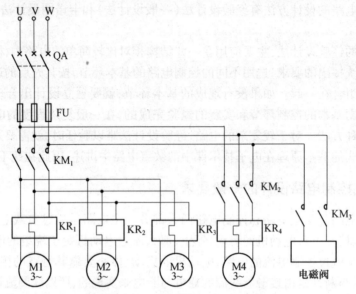

图 3.1　冷库主电路

（2）列出主电路电气元件的动作要求。

① 按下启动按钮后,KM_1 首先吸合;

② 延时一段时间后,KM_2 吸合;

③ 再延时一段时间后,KM_3 吸合;

④ 按下停止按钮后,所有的电动机立即停止。

（3）选择基本环节进行组合。根据上述要求,可选择一个自动（自锁）环节、两个时间控制环节,如图3.2所示。

基本电路组合时要考虑它们之间的动作顺序,首先是控制 3 台电动机的 KM_1 接触器首先通电吸合并自锁,并带动延时电路的时间继电器 KT_1 线圈通电,延时后,压缩机电动机接触器 KM_2 线圈通电,压缩机电动机启动。该电动机启动后又带动延时电路的时间继电器 KT_2 线圈通电,延时后,电磁阀接触器 KM_3 线圈通电,启动过程结束。

（4）简化电路。观察图3.3所示电路发现,可以将一些功能上相同、接法相似的触点合二为一,使电路简化。时间继电器 KT_1 线圈回路中的 KM_1 常开触点与 KM_1 线圈回路中的 KM_1 常开触点可以合并,省用一个 KM_1 的常开触点。与此同时,时间继电器 KT_2 线圈回路中还有 KM_2 线圈回路中相同的 KM_2 常开触点,可以省去一个,简化后的电路如图3.4所示。

（5）电路的完善。

电路中应具有短路保护和过载保护。短路保护用熔断器实现。FU_1、FU_2、FU_3 为主电路的熔断器,FU_4、FU_5 为控制电路的熔断器。过载保护用热继电器实现。$KR_1 \sim KR_4$

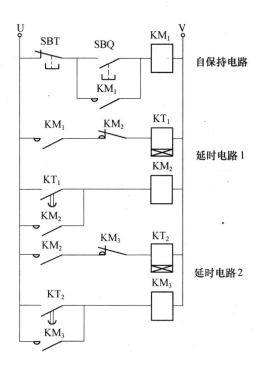

图 3.2　基本控制环节的选择

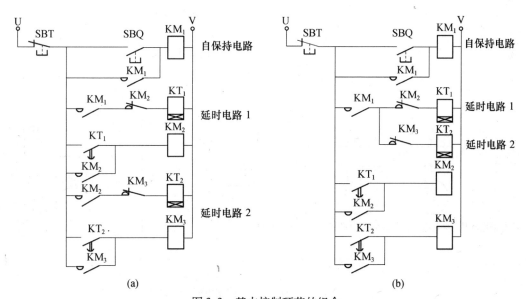

(a)　　　　　　　　　　　　　　　　　　　(b)

图 3.3　基本控制环节的组合

（a）两延时环节依次接通电路；（b）两延时环节同时接通电路。

分别为冷却塔电动机、水泵电动机、蒸发器电动机、压缩机电动机的热继电器。4台电动机中只要有1台电动机过载,它对应的热继电器常闭触点就断开,切断控制电路的电源,达到过载保护的目的。

图 3.3（b）和图 3.4（b）为两延时环节同时触发的电路,仔细分析这两个电路,虽然工

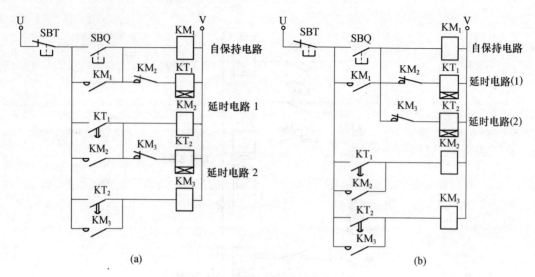

图 3.4　控制电路的简化

（a）两延时环节依次接通电路；（b）两延时环节同时接通电路。

作原理都是正确的,但实际应用时存在问题。如果时间继电器 KT$_1$ 损坏时,KT$_2$ 同样可延时触发,破坏了依次动作的要求,所以不宜选用,只选用图 3.3(a)和图 3.4(a)电路,初步完善后的控制电路如图 3.5 所示。

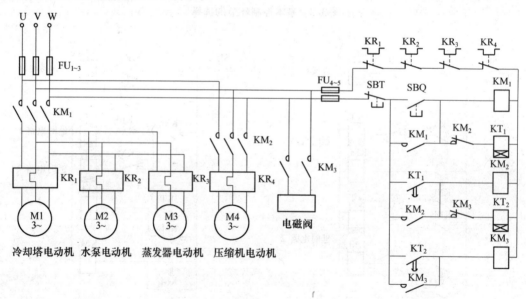

图 3.5　初步完善的控制电路

（6）控制电路的具体功能。冷库的控制电路和冰箱一样,当温度低于设定温度时,应自动停机。为实现这一功能,要在冷库内安装温度控制器。当冷库温度达到设定温度时,温度控制器自动动作,它的触点断开,切断电源。因此,将温度控制器 BT 的常闭触点串接在控制电路的总电路中,与停止按钮的作用相同。

另外,该冷库控制电路还应具有工作状态指示包括:电源工作指示灯;蒸发器电动机、水泵电动机、冷却塔电动机、压缩机电动机工作指示灯;电磁阀打开进入制冷状态指示灯（共4个）。指示灯可与相应接触器的常开触点串联后,并联在控制电路的两端。完善后的控制电路如图3.6所示。

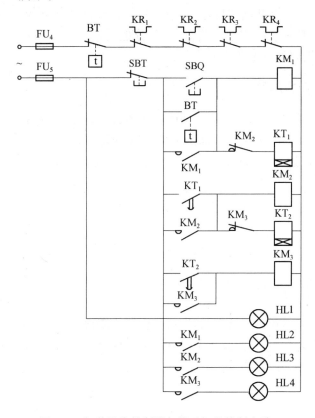

图3.6　加装温度控制器与指示灯的控制电路

（7）统计触点数量。电气控制电路的元件大多数是由接触器和继电器的触点串、并联组成的,每一种型号的接触器和继电器的触点数量是有限的,如果电路中某个接触器或继电器的触点数量超过实际元件的数量,可另加中间继电器扩展触点的数量。即在需要扩展触点的接触器或继电器线圈两端并联一继电器的线圈。这样并联继电器的触点就补充了缺少的触点,如图3.7所示。

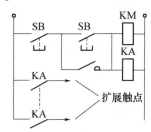

图3.7　中间继电器拓展触点数量

（8）校验电路。设计完后,要做成实验模拟电路,对电路进行严格的实验,看是否完全符合工艺要求,准确无误后方可投入生产设备使用。

3.3 电气控制电路设计的一般规律

电气控制电路有一个共同的特点是,通过触点的通、断控制电动机或其他电气设备来完成工作的。即使是复杂的控制电路,很大部分也是常开触点和常闭触点组合而成的。为了设计方便,我们归纳以下几个方面。

一、常开触点的串联

当要求几个条件同时具备时,即可使电器线圈得电动作,这可用几个常开触点与线圈串联的方法来实现。如图 3.8 所示,KA_1、KA_2、KA_3 都动作闭合,接触器 KM 线圈才得电,KM 的触点才动作。这种关系在逻辑电路中称为"与"逻辑。

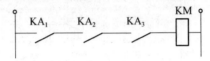

图 3.8 "与"逻辑

二、常开触点的并联

当几个条件中只具备某一条件时,即可使电器线圈得电动作,这可用几个常开触点的并联来实现。如图 3.9 所示,只要 KA_1、KA_2、KA_3 其中之一动作,KM 就得电动作。这种关系在逻辑电路中称为"或"逻辑。

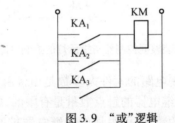

图 3.9 "或"逻辑

图 3.10 中的 SB_3、SB_4 为控制启动按钮,只要按下其中之一,接触器 KM 就动作。

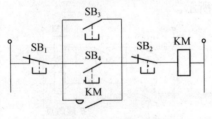

图 3.10 "与非"逻辑

三、常闭触点的串联

当几个条件具备一个时,电器线圈就断电,可用几个常闭触点串联的方法来实现。例如,图 3.10 中的 SB_3、SB_4 停止按钮,其中一个动作,接触器线圈 KM 就断电。在逻辑电路中称为"与非"逻辑。

四、常闭触点的并联

当几个条件同时具备时,电器线圈才断电,可用几个常闭触点并联,在逻辑电路中称为"或非"逻辑。

实际上,不管多么复杂的电气控制电路都是由常开触点或常闭触点的串联或并联组合而成的,即"与"逻辑、"或"逻辑、"与非"逻辑和"或非"逻辑。

3.4 电气控制电路设计的注意事项

电气控制电路除要掌握设计方法、设计规律外,还要注意以下问题:

一、应尽量避免许多电器依次动作才能接通另一个电器的现象

在图 3.11(a)所示电路中,KA_1 线圈得电后,KA_1 触点闭合才能使 KA_2 线圈得电,而 KA_2 的触点动作后才能使 KA_3 线圈得电,这是顺序动作的过程。但这种顺序动作的时间间隔只为从线圈得电到触点闭合的极短的时间,一般只为 0.02s ~ 0.05s。当对这一顺序动作没有严格要求时,图 3.11(a)所示的电路可用图 3.11(b)所示的电路形式,这样便提高了电路的可靠性。

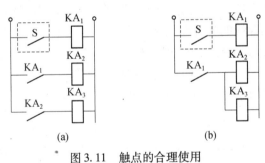

图 3.11　触点的合理使用
(a) 不适当;(b) 适当。

二、电气控制电路的正确连线

电气控制电路是由触点和电器线圈组成的,在电路图中的正确连接具有十分重要的意义;否则,会增加使用导线的根数,甚至会出现事故。

1. 电器线圈的连接

电器线圈是保证触点正确动作的关键部件(也称为降压部件)。它的两端要通过触点和控制电路电源的一端联系起来,它的正确画法如图 3.12(a)所示。

在图 3.12(a)中所有的电器线圈的右端短接起来接电源的一端。线圈的左端与电器的触点连接。这样保证了某一触点发生断路故障时,不会引起电源短路,同时接线方便。

2. 交流电器线圈不允许串联使用

交流电器的线圈是电感性负载,型号不同的交流电感线圈的阻抗是不同的,所以不同型号线圈两端的压降是不同的。串联使用不能保证每个线圈降压为电源电压的1/2,这

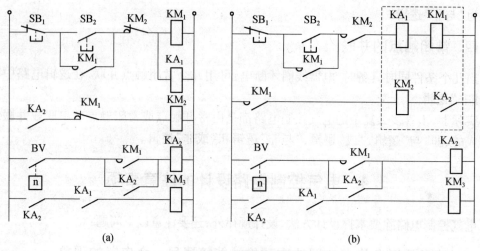

图 3.12 线圈的连接
(a) 正确；(b) 错误。

样不能使电路正常工作。图 3.12(a) 所示的接法是正确的。图 3.12(b) 所示的接法是错误的。

3. 在设计控制电路时,应尽量减少导线的数量和长度

电气控制电路是画在一张图纸上的,但电气元件并不都在一个电路柜(箱)中,而可能分布在生产机械的各个部位,是通过接线的端子排按控制电路图联系起来。电路图的联系方式直接影响使用导线的数量和长度。

图 3.13(a)、(d) 是正确的连接方式,图(b)、(c) 是不适当的连接方式。在图 3.13(a) 中,接触器放在控制柜(箱)中,而控制按钮放在操作台上,按图(a) 的接法控制柜到操纵台用 3 根线,图(b) 用 4 根线,图(c) 要 4 根线,图(d) 用 3 根线。

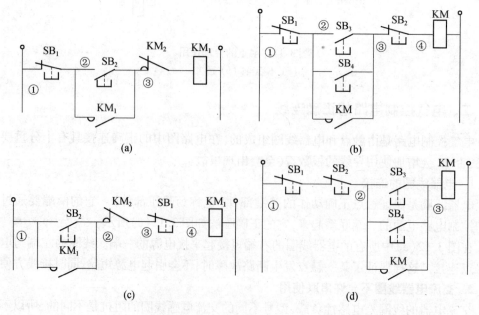

图 3.13 电气元件的接线

三、联锁及保护措施

在设计控制电路时,要考虑各种联锁关系,以及电气系统具有的各种电气保护措施,如过载、短路、欠压、零电压、限位等各种保护。

四、在控制电路中应尽量减少触点的数量,以提高系统的可靠性

作为控制电路,如果其功能相同,电器数量与触点数量越少越好。多一个触点就相当于多了一个故障点,所以减少触点的数量,就相当于提高了系统的可靠性。减少控制电路的触点数量可以通过触点的合并来解决。触点的合并主要着眼于同类性质的触点或一个触点能完成的动作不用两个触点。图 3.14 中,列举了部分触点可以合并的例子。

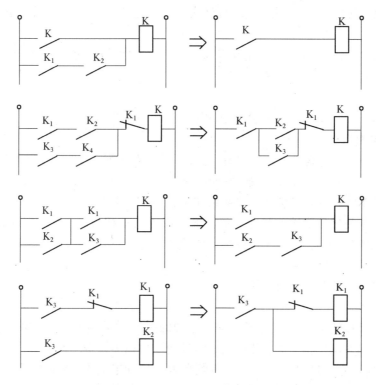

图 3.14　触点的化简与合并

五、其他方面的要求

在设计控制电路时,还要考虑有关操纵、故障检查、检测仪表、信号指示、报警以及照明灯要求。

3.5　常用电气元件的选择

完成电气控制电路设计之后,要选择所需要的控制电气元件。正确、合理地选用电气元件,是控制电路安全可靠的重要条件,电气元件的选择依据是电气产品目录中的各项技

术指标(数据)。

一、控制按钮、低压开关的选用

1. 控制按钮

按钮通常是用来接通或断开小电流控制电路的开关。按钮可分为以下几类：

（1）普通式按钮：用于垂直操作。它又可分为单一式，即只有一对常开触点和一对常闭触点；还有复合式，即有两对或两对以上的常开触点和常闭触点。这种形式按钮的共同特点是，当手松开后，触点会自动复位。

（2）旋转式按钮：用于扭动选转操作。它只有一对常开触点和一对常闭触点，它不具有自动复位功能。

（3）钥匙式按钮：插入专用的钥匙旋转操作。它也属于旋转式的一种，也不具有自动复位功能。

（4）指示灯按钮：指示灯按钮是在普通按钮中放入指示灯，可显示操作的信号。

（5）紧急式按钮：紧急式按钮专用在紧急停止的场合，为操作方便、容易，按钮做成蘑菇形。

常用的国产按钮为 LA 系列，目录中详细介绍有相关技术数据。

2. 自动空气开关

自动空气开关又称自动空气断路器，它可以接通或分断负载的工作电流，也能自动分断过载电流或短路电流，分断能力强，它同时具有欠压、过载和短路保护的功能。

选择自动空气开关应参考其主要参数，即额定电压、额定电流和允许分断的极限电流等。自动空气开关过载保护的整定电流应大于或等于负载长期工作允许通过的平均电流；短路保护的整定电流，应等于负载额定电流的 10 倍。所以开关的极限分断能力应大于或等于被保护的短路电流。

常用的自动空气开关国内产品有 DZ 系列、DW 系列。

3. 组合开关

组合开关又称转换开关，主要用来作为电源的引入，所以也称为电源隔离开关。它可以直接启动小功率的三相交流异步电动机，如砂轮、台钻等设备。但使用时必须限制接通的频率，每小时不宜超过 10 次～20 次，否则会因为启动电流大，内部发热严重且热量不易散失，产生热量的积聚，绝缘受到破坏。同时，断开时，切断的是感性负载，瞬时电弧较大，也是对绝缘的一种破坏。长期通断频率过高地使用，会引起开关内部电源短路。组合开关额定电流为负载额定电流的 1.5 倍～2.5 倍。

常用的组合开关为 HZ - 10 系列，目录中有较详细的技术条件。

二、熔断器的选用

熔断器有螺旋式熔断器和插入式熔断器两大类，插入式熔断器又分瓷插式熔断器和管式熔断器两种。螺旋式熔断器用于有震动的生产机械，插入式熔断器用于比较稳定的生产机械。熔断器的选择主要是熔体额定电流，它遵循以下的经验选择方法：

（1）没有冲击电流负载的熔体电流选择。例如，照明电路，熔体的额定电流 I_{FU} 应略大于或等于电路的工作电流，即

$$I_{FU} \geqslant I$$

式中: I_{FU} 为熔体的额定电流; I 为电路的工作电流。

（2）单相电动机负载的熔体电流选择。熔体电流选择的经验公式为

$$I_{FU} = (1.5 \sim 2.5)I_N \text{ 或 } I_{FU} = \frac{I_{st}}{2.5}$$

式中: I_N 为电动机的额定电流; I_{st} 为异步电动机的启动电流。

（3）多台电动机负载的熔体电流选择。因为多台电动机由一个熔断器保护,所示经验公式为

$$I_{FU} \geqslant \frac{I_m}{2.5}$$

式中: I_m 为可能出现的最大电流。

例如两台电动机不同时启动,一台电动机的额定电流为 14.6A,另一台为 4.64A,电动机的启动电流为额定电流的 7 倍,则熔断器电流为

$$I_{FU} = \frac{14.6 \times 7 + 4.64}{2.5} = 42.7(A)$$

可选用 RL1-60 型熔断器,配 50A 的熔体。常用的熔断器有 RC1、RL1、RT0、RS0 系列,技术数据见附录 D。

三、热继电器的选用

热继电器用于热载保护,如果负载为电动机时,采用的经验公式为

$$I_{KR} = (0.95 \sim 1.05)I_N$$

式中: I_{KR} 为热继电器的整定电流; I_N 为电动机的额定电流。

一般情况下,三相电动机绕组的阻抗是平衡的,可用两相结构的热继电器。但对电网电压不平衡、工作环境恶劣条件下工作的电动机,要选用三相结构的热继电器。相对于三角形接法的电动机,为实现断相保护,要选用带断相保护装置的热继电器。

如遇下列情况,选择热继电气元件的整定电流要大于电动机的额定电流:

（1）电动机的负载惯性转矩大,启动时间长。

（2）电动机所拖动的负载,不允许任意停电。

（3）电动机拖动的为冲击负载,如冲床、剪床等设备。

常用的热继电器有 JR1、JR2、JR0、JR16 等系列。推荐使用 JR16B 系列金属片式热继电器,它的整定电流范围宽,并有温度补偿装置和断相保护装置。

四、接触器的选用

接触器用于负载的接通与断开,有交流接触器和直流接触器,大多的生产机械用交流接触器。

选择接触器主要考虑以下的技术数据:

（1）电源的种类是交流还是直流。

（2）主触点的额定电流和额定电压。

（3）辅助触点的种类、数量及额定电流。

（4）电磁线圈电源的种类、频率和额定电压。

（5）额定的操作频率（次/h），即允许每小时接通的最多次数。

接触器的选择，最重要的是主触点额定电流的选择，它采用的经验计算公式为

$$I_{KM} \geqslant \frac{P_N \times 10^3}{KU_N}$$

式中：K 为经验常数，一般取 $1 \sim 1.4$；轻载启动时为 1，重载启动时为 1.4。P_N 为电动机的额定功率；U_N 为电动机的额定线电压；I_{KM} 为接触器主触点的额定电流。

接触器线圈的电压，既要考虑安全又要考虑设备的造价。如果控制电路简单，电气元件较少，为减少造价，不使用控制变压器，线圈电压选择220V或380V；反之，要用控制变压器，可选用线圈电压为110V，该电压相对220V和380V较为安全。

常用的接触器国产的有 CJ10、CJR、CJ20 等系列及合资生产的西门子产品 VDE。

五、中间继电器的选用

中间继电器主要在电路中起信号的传递与转换作用，用它可实现多路控制，并可将小功率的控制信号转换为大功率的触点动作，进而驱动大功率执行机构的工作。

中间继电器主要根据电路的电压等级、触点的数量以及是否满足控制电路的要求选用。

常用的中间继电器的型号有 J27、JJDZ3 等系列。

六、时间继电器

时间继电器可以对电路进行时间控制，是生产机械中常用的电气元件。按其工作原理可分为如下几种：

（1）电磁式时间继电器：它是利用电磁惯性原理而制成的。它的特点是结构简单，寿命长、允许操作频率高，但延时时间短，一般用在直流控制电路中。

（2）空气阻尼式时间继电器：它是利用空气阻尼原理制成的。它的特点是延时时间可调，可调范围为 0.4s~180s，工作稳定可靠，生产机械普遍采用。

（3）电子式时间继电器：它是通过电子电路对电容的充放电原理制成的。特点是体积小，延时时间为 0.1s~300s。

（4）电动式时间继电器。它是利用同步电动机原理制成的。它的结构复杂、体积大，延时时间长，可从几秒到几小时，生产机械中很少应用。选择时间继电器主要考虑延时时间和触点的数量和方式。触点的延时方式是指选用通电延时型还是断电延时型而且每种形式的触点数量都不同。图 3.15 中表示的是 JS7 – A 时间继电器的触点系统，JS7 – 1A 为通电延时型，只有延时触点没有瞬时动作触点。JS7 – 3A 是断电延时型，也只有延时触点，没有瞬时动作触点。JS7 – 2A 和 JS7 – 4A 分别为通电延时型和断电延时型，但它不仅

有延时触点也有瞬时动作触点,该种时间继电器是生产机械中使用最多的型号,建议使用时选择 JS7 – 2A 或 JS7 – 4A。7PR 时间继电器是引进法国西门子技术制造的产品,适用于频率为 50Hz ~ 60Hz,电压为 110V ~ 120V、120V ~ 127V、110V、127V、220V 的控制电路中使用。它的特点是抗干扰能力强,延时误差小,体积小。产品符合 VDE 和 IEC 标准,技术数据见附录 D。

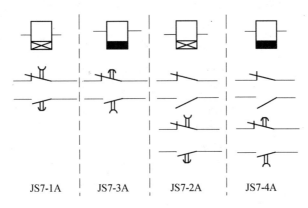

图 3.15　JS7 – A 型时间继电器触点系统

七、控制变压器的选用

当电路的控制电器较多,电路又比较复杂时,应该采用控制变压器作为控制电路的电源,这样可提高安全可靠性。控制变压器要根据一次侧和二次侧电压的大小及变压器的容量来选择。控制变压器的容量根据下列两种情况进行计算:

(1) 根据控制电路最大工作负载所需要的功率计算:

$$P_T \geqslant K_T \sum P_{xc}$$

式中:P_T 为所需变压器的容量($V \cdot A$);K_T 为变压器容量储存系数,$K_T = 1.1 \sim 1.25$;$\sum P_{xc}$ 为控制电路最大负载时所需工作电器的总功率($V \cdot A$)。

对于交流电器(交流接触器、中间继电器、交流电磁铁),P_{xc} 应取吸持功率。

(2) 变压器的容量应满足已吸合的电器在又启动吸合另一些电器时,仍处于吸持状态。计算公式为

$$P_T \geqslant 0.6 \sum P_{xc} + 1.5 \sum P_{st}$$

式中:P_{st} 为同时启动电器的总吸持功率($V \cdot A$)。

关于式中系数的解释:控制变压器二次侧的电压在启动电磁电器时会下降,但一般下降的数值不能超过额定电压的 20% ,这样吸合后的电器就不会因电压下降而释放,系数 0.6 主要基于这点考虑。第二项系数 1.5 为经验系数,它是将启动功率换算为吸持功率的增加系数。

表 3.1 列出了常用交流电器启动与吸持功率的数值。

表 3.1 常用交流电器启动与吸持功率

电器型号	启动功率 P_{st}/(V·A)	吸持功率 P_{xc}/(V·A)	P_{st}/P_{xc}
JZ7	75	12	6.3
CJ10-5	35	6	5.8
CJ10-10	65	11	5.9
CJ10-20	140	22	6.4
CJ10-40	230	32	7.2
CJ0-10	77	14	5.5
CJ0-20	156	33	4.75
CJ0-40	280	33	8.5
MQ1-5101	≈450	50	9
MQ1-5111	≈1000	80	12.5
MQ1-5121	≈1700	95	18
MQ1-5131	≈2200	130	17
MQ1-5141	≈10000	480	21

3.6 电气控制电路的设计举例

设计 CW6163 型卧式车床的电气控制系统。

一、机床传动的特点及对电气控制系统的要求

（1）机床的主轴运动和进给运动由主电动机 M_1 集中传动；

（2）主轴制动采用液压控制器；

（3）刀架移动由单独的快速电动机 M_3 拖动；

（4）冷却泵由电动机 M_2 拖动；

（5）进给运动的纵向（左、右）运动、横向（前、后）运动以及快速移动，由一个手柄操纵通过机械机构来实现。

电动机的型号及技术指标：

主电动机 M_1：Y160M-4、11kW、380V、23A、1460r/min；

冷却泵电动机 M_2：JCB-22、0.15kW、380V、0.43A、2790 r/min；

快速移动电动机 M_3：Y90S-4、1.1kW、380V、2.8A、1400 r/min。

二、电气控制电路设计

1. 主电路设计

根据电气传动的要求，3 台电动机应分别由接触器 KM_1、KM_2、KM_3 控制，如图 3.16 所示。

机床的三相电源通过自动空气开关 Q 引入，并提供主电动机 M_1 的短路保护。主电动机 M_1 的过载保护，由热继电器 KR_1 实现。冷却泵电动机 M_2 的过载保护由热继电器 KR_2 实现。快速移动电动机为短时工作，可不设过载保护。电动机 M_2、M_3 共用短路保

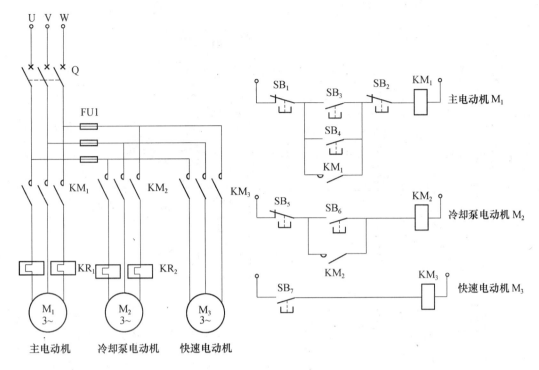

图 3.16　控制电路的设计

护,由 FU₁ 担当。

2. 控制电路设计

考虑到操作方便,主电动机的启动和停止按钮应分别设在床头的操纵板上和刀架拖板上,即为两处启、停控制。由启动按钮 SB₃、SB₄,停止按钮 SB₁ 和 SB₂ 进行操纵。当主电动机 M₁ 启动后,要有自锁。用 KM₁ 的辅助常开触点 KM₁ 并联在启动按钮两端。

冷却泵电动机由 SB₅、SB₆ 进行启、停控制操作,装在床头板上。

快速电动机 M₃ 工作时间短,为了操作灵活由按钮 SB₇ 和接触器 KM₃ 组成点动控制电路,不用自锁环节和过载保护,如图 3.16 所示。

3. 信号指示和照明电路

可设有电源指示灯 HL₂(绿色),当空气开关 Q 接通后立即发光显示,表示机床电气电路已处于供电状态。设指示灯 HL₁(红色)表示主电动机是否运行。这两个指示灯由控制变压器输出 6.3 V 供电,由接触器的辅助常开触点和常闭触点 KM₁ 进行切换来电显示。

在操作板上设有交流电流表 A,指示电动机定子绕组的线电流。这样可根据电动机工作情况,调整切削用量,使电动机尽量满载运行。既可提高电动机的功率因数,也可以提高生产率。

照明灯 FL 为控制变压器副边 36 V 供电,为安全电压。

4. 绘制电气原理图

绘制的 CW6163 型卧式车床电气原理图如图 3.17 所示。

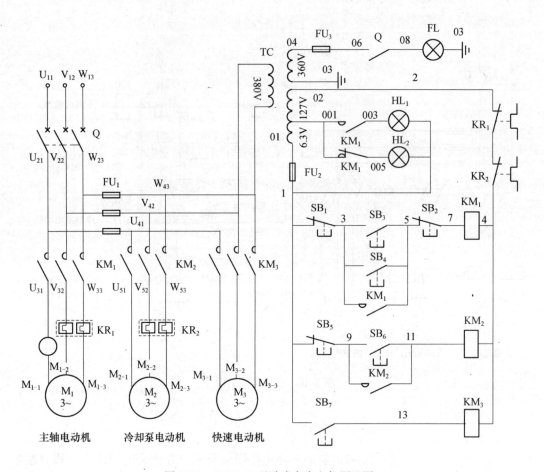

图 3.17　CW6163 型卧式车床电气原理图

三、选择电气元件

1. 自动空气开关 Q

自动空气开关 Q 用于三相电源的引入和 3 台电动机的短路保护。根据空气开关的选择方法,主要选择额定电压、额定电流和允许分断的极限电流。

(1) 额定电流。自动空气开关的额定电流应大于或等于负载允许的工作电流。

负载(电动机 M_1、电动机 M_2、电动机 M_3 之和)长期工作的电流:

M_1 为 23A,M_2 为 0.43A,M_3 为 2.8A 它们之和为 26.23A。所以选等于或大于 26.23A 额定电流的空气开关。

(2) 额定电压。选额定电压 380V 作为三相电源的引入。

(3) 电磁脱扣的整定电流。电磁脱扣的整定电流可以保护电动机的短路,它的选择方法为大于负载正常工作的尖峰电流,对于电动机应为主轴电动机 M_1 启动电流的 1.7 倍。

启动电流 $I_{st} = (5-7)I_N$,如果选 7 倍的话,M_1 的启动电流 $I_{st} = 161A$,所以电磁脱扣的整定电流为 $161 \times 1.7 = 273.7(A)$。可整定为 280A。

2. 热继电器 KR₁、KR₂

主电动机 M_1 的额定电流为23.0A,KR₁ 应选用 JR16 – 40 型热继电器,热元件电流为25A,整定电流范围为 16A ~ 25A,额定电流调整为 23.0A。

同理,KR₂ 应选用 JR16 – 10 型继电器,整定电流调节范围为 0.40A ~ 0.64A,额定电流整定为 0.43A。

3. 熔断器 FU₁、FU₂、FU₃

FU₁ 是对 M_2、M_3 两台电动机进行保护的熔断器。熔体电流为

$$I_{KR} \geq \frac{2.8 \times 7 + 0.43}{2.5} = 8.012(A)$$

选用 RL1 – 15 型螺旋式熔断器,配用10A的熔断体。FU₂、FU₃ 选用 RL1 – 15 型熔断器,配用最小等级的熔断体2A。

4. 接触器 KM₁、KM₂ 及 KM₃

接触器 KM₁,根据主电动机 M_1 的额定电流 $I_N = 23.0A$,控制回路电源127V,需三对主触点、两对辅助常开触点、一对辅助常闭触点,根据上述情况,选用 CJ10 – 40 型交流接触器,电磁线圈电压为127V。

由于 M_2、M_3 电动机额定电流很小,KM₂、KM₃ 选用 CJ10 – 10 型交流接触器,电磁线圈电压为127V。

5. 控制变压器 TC

变压器最大负载时,KM₁、KM₂ 及 KM₃ 同时工作,根据选用控制变压器的经验公式可得

$$P_T \geq K_T \sum P_{xc} = 1.2(12 \times 2 + 33) = 68.4(V \cdot A)$$

实际变压器容量应大于计算数值,在考虑照明、指示电路的容量,可选用 BK – 100 型变压器或 BK – 150 型变压器。电压等级为 380V/(127 ~ 36 ~ 6.3)V,可满足辅助电路的各种电压要求。

其他元件的选择比较容易,不再重复。

四、制作外购电气元件明细表

外购电气元件明细表应说明型号、规格和数量等,见表3.2。

表 3.2　外购电气元件明细

符号	名称	型号	规格	数量
M_1	异步电动机	Y160M – 4	11kW 380V 1460r/min	1
M_2	冷却泵电动机	JCB – 22	0.125kW 380V 2790r/min	1
M_3	异步电动机	JO2 – 21 – 4	1.1kW 380V 1410r/min	1
Q	自动开关	HZ10 – 25/23	3 极 500V 25A	1
KM₁	交流接触器	CJ10 – 40	40A 线圈电压127V	1
KM₂、KM₃	交流接触器	CJ10 – 10	线圈电压127V	2
KR₁	热继电器	JR16 – 40	额定电流25A 整定电流19.9A	1

符号	名称	型号	规格	数量
KR$_2$	热继电器	JR16 – 10	热元件 1 号 整定电流 0.43A	1
FU$_1$	熔断器	RL1 – 15	500V 熔体 10A	3
FU$_2$、FU$_3$	熔断器	RL1 – 15	500V 熔体 2A	2
TC	控制变压器	BK – 100	100V·A 380V/(127～36～6.3)V	1
SB$_3$、SB$_4$、SB$_6$	控制按钮	LA10	黑色	3
SB$_1$、SB$_2$、SB$_5$	控制按钮	LA10	红色	3
SB$_7$	控制按钮	LA9	红色	1
HL$_1$、HL$_2$	指示信号灯	ZSD – 0	6.3V 绿色 1 个 红色 1 个	2
A	交流电流表	62T2	0～50A 直接输入	1

电气安装接线图是根据电气原理图和电气设备安装的位置来绘制的。电器的安装及设备的维护都要依据电气安装接线图。该图要表示出电气元件的实际安装位置及各元件的相互接线的关系,同一电气元件的各个部件要画在一起,还要求电气元件的文字符号与原理图一致。各部分电路之间的接线与外面电路之间连接时,应通过端子板进行。并把导线放在塑料管或镀锌铁管里面,并标有相应的管号,这样多根导线就可以用单根的管线表示。

各个管号的线管类型、电线的截面、根数及相应的接线号要列表表示,一般超过 7 根电线时要留存备用线,备用线的根数应为 7 的倍数。

CW616 型卧式车床电气接线图中管内敷线明细如表 3.3 所示。

表 3.3　CW616 型卧式车床电气接线图中管内敷线明细

代号	穿线用管(或电缆)类型	电缆		接线号
		截面/mm^2	数量/根	
1	内径 15mm 聚氯乙烯软管	4	3	M$_{1-1}$,M$_{1-2}$,M$_{1-3}$
2	内径 15mm 聚氯乙烯软管	4	2	M$_{1-1}$,U$_{31}$
		1	8	1,3,5,7,9,M$_{1-1}$,M$_{1-2}$,M$_{1-3}$
3	内径 15mm 聚氯乙烯软管	1	12	M$_{2-1}$,M$_{2-2}$,M$_{2-3}$,M$_{3-1}$,M$_{3-2}$,M$_{3-3}$,
4	G3/4 螺纹管			1,3,5,06,11,备用 1
5	φ15mm 金属软管	1	9	M$_{3-1}$,M$_{3-2}$,M$_{3-3}$,1,3,5,06,11,备用 1
6	内径 15mm 聚氯乙烯软管	1	9	M$_{3-1}$,M$_{3-2}$,M$_{3-3}$,1,3,5,11,1a,备用 1
7	18mm×16mm 铝管			
8	φ11mm 金属软管	1	2	03,06
9	内径 8mm 聚氯乙烯软管	1	2	1,11
10	YHZ 橡套电缆	1	3	M$_{3-1}$,M$_{3-2}$,M$_{3-3}$
注:管内电缆均为 BVR 型,电气板接线均为 BV 型,主电路截面 4mm^2,控制电路截面 1mm^2				

CW6163 型卧式车床电气接线图如 3.18 所示。

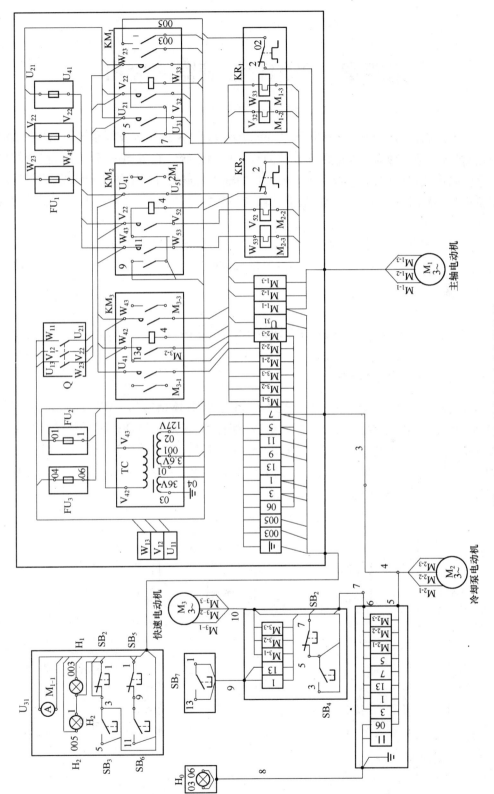

图3.18 CW6163型卧式车床电气接线图

55

第四章 可编程控制器的应用

可编程控制器(Programmable Logic Controller，PLC)是近年来发展迅速、广泛应用的工业控制装置,是一种为工业应用而设计的数字控制系统。它采用灵活、方便、快捷的可编程序控制形式与结构,通过数字量或模拟量的输入与输出过程中的信号转换,完成确定的逻辑运算、顺序控制、定时、计数、数值计算和一些特定的功能,应用于工业控制中的各种生产过程。

当今的 PLC 吸收了微电子技术和计算机技术的最新成果,从柔性制造系统、工业机器人到大型分散控制系统,PLC 均承担着重要的角色。目前几乎在工业生产的所有领域都得到了广泛应用。

4.1 可编程控制器的结构和工作原理

一、结构及各部分作用

PLC 的种类繁多,功能与指令系统也不尽相同,但具体结构和工作原理则大同小异,一般都是由主机、输入/输出(I/O)接口、电源、编程器、扩展接口和外部设备接口几个主要部分构成,如图 4.1 所示。如果把 PLC 看作一个系统,外部的各种开关信号或模拟信号均为输入变量,它们经输入接口寄存到 PLC 内部的数字寄存器中,而后经逻辑运算或数据处理以输出变量形式送到输出接口,从而控制输出设备。

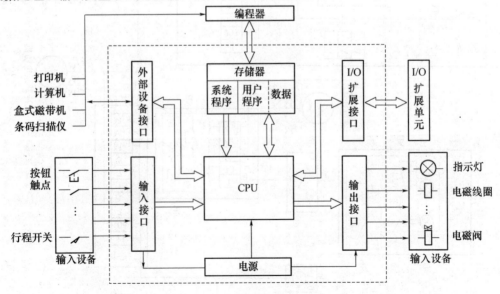

图 4.1 PLC 硬件系统结构图

1. 主机

主机部分包括中央处理器(CPU)、系统程序寄存器和用户程序寄存器。

CPU 是 PLC 的核心,和微型计算机一样,起着总指挥的作用,它主要用来运行用户程序,监控 I/O 接口状态,做出逻辑判断和进行数据处理。即取进输入变量并完成用户指令规定的各种操作,将结果送到输出端,响应外部设备(如编程器、打印机、条形码扫描仪等)的请求,以及进行各种内部诊断等。

PLC 的内部存储器有两类:一类是系统程序存储器,主要存放系统管理和监控程序及对用户程序做出编译处理的程序,系统程序由厂家固化,用户不能修改;另一类是用户程序及数据存储器,主要存放用户编制的应用程序及各种暂态数据、中间结果。

2. I/O 接口

I/O 接口是 PLC 与输入/输出设备联接的部件。输入接口接入输入设备(如控制按钮、行程开关、传感器等)的控制信号。输出接口是将主机处理过的结果通过输出电路驱动输出设备,如接触器、电磁阀、指示灯等。

I/O 接口一般采用光电耦合电路,以克服或减少电磁干扰。这是 PLC 以保证可靠性的重要措施之一。

3. PLC 的电源

PLC 的电源是指 CPU、存储器、I/O 接口等内部电子电路工作所配备的直流开关稳压电源。I/O 接口电路的电源相互独立,以避免和减少电源间的互相干扰。通常也为输入设备提供电源。

4. 编程器

编程器也是 PLC 的一种重要的外部设备,用于手持编程。用户可以用它输入、检查、修改、调试程序或监视 PLC 的工作情况。除手持编程器外,还可将 PLC 与计算机连接,并用专用的工具软件进行编程或监控。

5. I/O 扩展接口

I/O 扩展接口用于将扩充外部输入/输出端子数的扩展单元与基本单元(即主机)连接在一起。

6. 外部设备接口

此接口可将编程器、打印机、条形码扫描仪等外部设备与主机相连,以完成相应的操作。

二、工作原理

PLC 是采用"顺序扫描、不断循环"的方式进行工作的。当 PLC 根据用户按控制要求编制好并存于用户存储器中的程序,按指令步序号(或地址号)做周期性循环扫描。如果没有跳转指令,就从第一条指令开始逐条顺序地执行用户程序,直到程序结束,然后重新返回到第一条指令,开始新一轮的扫描。在每次扫描过程中,还要完成对输入信号的采样和对输出状态的刷新工作,周而复始地进行。

图 4.2 描述了 PLC 的扫描工作过程,它分为输入采样、程序执行和输出刷新三个阶段,并进行周期性的循环。

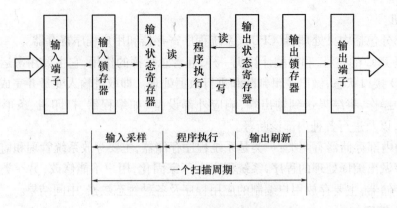

图 4.2 PLC 扫描的工作过程

1. 输入采样阶段

PLC 在输入采样阶段,首先以扫描方式按顺序将所有已暂存在输入锁存器中的输入端子的通断状态输入数据一并读入,并将其写入(存入)各个对应的输入状态寄存器中,称为刷新输入。随即关闭输入端口,然后进入程序执行阶段。在这个阶段中,不管输入状态是否发生变化,输入状态寄存器的内容也不会改变。变化的输入状态只能在下一个扫描周期的输入采样阶段才被写入(读入)。

2. 程序执行阶段

PLC 在程序执行阶段,按用户程序指令存放的先后顺序扫描执行每一条指令,所需要的执行条件从输入状态寄存器和当前输出状态寄存器中读入,经过运算和处理后,将其结果写入输出状态寄存器中。由此可以看出,输出状态寄存器中的所有内容都随着程序的执行而变化。

3. 输出刷新阶段

当所有的指令执行完毕,输出状态寄存器的通断状态在输出刷新阶段送到输出锁存器中,并通过一定的形式由输出接口输出,推动相应的输出设备工作。

经过以上三个阶段,PLC 完成一个扫描周期。它属于集中采样、集中输出的方式,也就是说在每一个扫描周期中,只对输入状态采样一次,对输出状态刷新一次。它的缺点是,降低了系统响应速度,存在输入/输出的滞后现象。优点是大大提高了系统的抗干扰能力,可靠性增强。这种滞后现象只是几毫秒至几十毫秒的时间,对于控制工业系统来说是无关紧要的。这种方式适合小型的 PLC 控制系统。

三、主要技术性能

PLC 的主要技术性能常用下面几种指标来衡量。

1. I/O 点数

I 指 PLC 外部输入的端子数,O 指 PLC 外部输出的端子数。这是一项重要的技术指标,它表明了 PLC 所能控制容量的大小。PLC 的小型机有几十个点,中型机有几百个点,大型机超过 1000 点。

2. 用户程序存储容量

该指标是衡量 PLC 所能存储用户程序的多少。在 PLC 中,程序指令按步存储,一步要占用一个地址单元,一个地址单元一般占两个字节(约定 16 位二进制数为一个字,即两个 8 位的字节),一条指令有的不止一“步”。如果一个内存容量为 2000 步的 PLC,其内存为 4KB。

3. 扫描速度

扫描速度是指扫描 1000 步用户程序所需要的时间,以 ms/1000 步为单位。有时也可以用扫描一步指令的时间计,如用 μs/步表示。

4. 指令系统条数

不同厂家生产、不同型号的 PLC 指令的条数和种类是不一样的,指令的数量和种类越多,其软件的功能越强。但它们都具有基本指令和数量不等的高级指令。

指令系统按其功能分为如下几大类:

(1) 基本指令:用于逻辑关系处理,是最常用、最基本的指令;

(2) 定时器、计数器指令:用于定时或计数也是最常用的指令;

(3) 数据处理指令:用于数据运算、传递、比较、译码、移位及其他数据处理;

(4) 流程控制指令:用于控制程序流程,使 PLC 按要求的顺序执行指令;

(5) 特殊功能指令:用于处理 PLC 或被控对象的故障控制,提高系统的可靠性。

(6) I/O 处理指令:用于对 PLC 中的 I/O 刷新及输入和输出信号的处理;

(7) 网络、通信指令:用于处理 PLC 与 PLC,或 PLC 与计算机及其他控制设备间的联网与通信。

有的功能少的 PLC 只有 20 多条指令,而多的可达 160 多条。

5. 编程元件的种类和数量

编程元件是指输入继电器、输出继电器、辅助继电器、定时器、计数器、通用“字”寄存器、数据寄存器及特殊功能寄存器等,其种类和数量的多少关系到编程的灵活性,是衡量 PLC 硬件功能强弱的一个指标。

PLC 内部这些继电器的作用和继电接触器控制系统中的继电器十分相似,也有“线圈”和“触点”,但它们不是继电接触器控制系统中的“硬”继电器,而是 PLC 存储器的存储单元。当写入该单元的逻辑状态为“1”时,则表示相应继电器的线圈接通,其常开触点闭合,常闭触点断开。所以 PLC 内部的继电器称为“软”继电器。

各种编程元件的代表字母、数字编号及点数,因机型不同而有差异。今以 FX$_{2N}$ 系列 PLC 为例,常用编程元件的编号范围及功能说明见表 4.1。

表 4.1　FX$_{2N}$-48M 编程元件的编号范围与功能说明

元件名称	代表字母	编号范围	功能说明
输入继电器	X	X000 ~ X017 共 24 点	接收外部输入设备的信号
输出继电器	Y	Y000 ~ Y027 共 24 点	输出程序执行结果给外部输出设备
辅助继电器	M	M0 ~ M499 共 500 点	在程序内部使用,不能提供外部输出
定时器	T	T0 ~ T199 共 200 点	延时定时继电器,其触点在程序内部使用
计数器	C	C0 ~ C99 共 100 点	减法计数继电器,其触点在程序内部使用
通用“字”寄存器	WR	WR0 ~ WR62 共 63 点	每个 WR 由相应的 16 个辅助继电器 R 构成

四、主要功能与特点

1. 主要功能

随着技术的不断发展,目前的 PLC 已能完成以下功能:

(1) 开关逻辑控制。用 PLC 取代传统的继电接触器进行逻辑控制,这是 PLC 最基本的应用。

(2) 定时/计数控制。用 PLC 的定时/计数来实现定时/计数控制。

(3) 步进控制。用步进指令实现一道工序完成后,再进行下一道工序操作的控制。

(4) 数据处理。能进行数据传送、移位、数制转换、算术运算和逻辑运算等操作。

(5) 过程控制。可实现对温度、压力、速度、流量等非电量参数进行自动调节。

(6) 运动控制。通过高速技术模块和位置控制模块进行单轴或多轴控制,用于对数控机床、机器人控制等。

(7) 通信联网。通过 PLC 之间联网和 PLC 与计算机的连接实现远程控制或数据交换。

(8) 监控。可监视系统各部分的运行情况,并能在线修改控制程序和设定值。

(9) 数字量和模拟量的转换。可进行模/数(A/D)和数/模(D/A)转换,以达到对模拟量的控制

2. 主要特点

(1) 可靠性高,抗干扰能力强。PLC 采用大规模集成电路和计算机技术;电源采取屏蔽,I/O 接口采用光电隔离;软件定期进行系统状态及故障检测。以上这些手段是继电接触器系统所无法具备的。

(2) 功能完善,编程简单,组合灵活,扩展方便。PLC 采用软件编制程序实现控制要求。编程时使用的各种编程元件,可以提供无数个常开和常闭的"软"触点。这使得控制系统元件大大减少,只需外部端子上相应的输入、输出信号即可。可以方便地编制程序,灵活地组合成不同要求的控制系统;而且工艺流程改变和设备更新时,不必改变 PLC 的硬设备,只要改变程序即可。PLC 能在线修改程序,也能方便地扩展 I/O 点数。所以称 PLC 控制为"活"程序,而继电接触器控制为"死"程序。

(3) 体积小,质量低,功耗低。PLC 体积紧凑,体积小巧,而装入机械设备内部,是机电一体化的理想控制设备。

4.2 程序编制的基本要求

PLC 的编制方法大体上可归纳为经验编程法、解析编程法、图解编程法和计算机辅助设计法。不管采用哪种方法都必须经常编、经常练才能提高自己的编程水平,即熟能生巧。

一、PLC 编程的基本方法

1. 经验编程法

经验编程法是利用自己或别人的经验进行编程。在长期的编程实践中,别人已总结

出一些基本的典型的"参考程序",可以针对性地拿来加以必要的修改,达到满足自己控制系统的要求。这与继电接触器电路一样,利用基本的控制环节进行有机组合,可以丰富自己的实践经验,提高自己的编程水平。

2. 解析编程法

可编程控制器的逻辑控制,实际是逻辑问题的综合,与电气控制电路的控制原理完全相同。所以可根据逻辑组合与时序的理论,运用相应的逻辑运算的解析方法,对其进行逻辑关系的求解。然后,再根据求解的结果,转化为相应的用户程序,即在电工技术中使用的梯形图或助记符语言程序。这种方法与电气控制电路设计方法中的卡诺图设计法完全相同。

3. 图解编程法

图解编程法是通过画图的方法实现 PLC 的程序设计。常用的编程方法有梯形图法、波形图法及流程图法。

梯形图法在《电工技术》教材中已讲过,它是最基本、最常用的图形编程方法。其最大特点是直观,而且可以把电气控制电路直接转换为梯形图的可编程控制器电路。易学、易懂,容易得到扩展与应用,是目前使用最多的一种 PLC 编程手段。

波形图法适合设计与时间有关的各类控制系统,它是把对应的输入、输出信号的波形图画出,然后再根据时间顺序用逻辑关系组合,就很容易把电路设计出来。

流程图法是用框图来表示程序的执行过程及输入条件与输出响应之间的关系,在 PLC 进行流程控制时(一般 PLC 称为步进控制),用流程图设计程序显得比较方便。

4. 计算机辅助设计

PLC 通过上位链接单元或通信接口等与个人计算机进行连接和通信,并应用个人计算机与计算机辅助编程软件进行联机辅助编程。目前 PLC 的计算机辅助编程软件主要是编制梯形图和助记符语言程序,其特点可在计算机屏幕上显示所设计的梯形图,设计过程直观、明了。编制好的程序可通过相关软件转换并传送到 PLC 中去。目前,计算机辅助编程软件都具有编程和监控的功能。

计算机辅助设计是 PLC 程序设计的发展方向,随着可编程控制器更加广泛的应用及计算机技术的进步,使用会越来越多,方法也会越来越完善。

二、基本编程原则

1. 正确性

编程正确是最基本的要求。一个程序必须经过实践检验,以保证正确与否。一个正确的程序必须做到两点:一是正确规范地使用各种指令;二是正确合理地使用各种内部器件。

2. 可靠性

编制的程序不仅要正确,而且要可靠。可靠性反映了 PLC 在不同状态下的稳定性,这也是程序设计的基本要求。所编制的用户程序仅在正常情况下能工作,而在非正常情况(例如,停电又很快来电,操作人员的错误操作)下不能工作。这种程序就不够可靠,或者说稳定性不好,也不是一个好程序。

3. 合理性

PLC 程序的合理性表现在两个方面：一是应尽可能使用户程序简短；二是应尽可能缩短扫描周期,提高输入、输出响应的速度。

4. 可读性

要求所设计的程序可读性好,指程序要层次清晰、结构合理、指令使用得当,并按模块化、功能化和标准化设计。在输入、输出点及内部器件的分配和使用上要有规律性。

4.3 可编程控制器的编程语言

可编程控制器的程序有系统程序和用户程序两种。系统程序由厂家固化在存储器中,用户不能修改,它相当于微型计算机中的操作系统。用户程序是用户根据控制要求,利用 PLC 厂家提供的程序编制语言而编写的应用程序。

目前使用最多的编程语言是梯形图语言和指令助记符语言(或称指令语句表语言),两者常常联合使用。

一、梯形图

梯形图是一种从电气控制电路图而演变而来的图形语言。它借助类似于继电器的常开触点/常闭触点、线圈及串联与并联等术语和符号,根据控制要求连接而成的表示 PLC 输入与输出之间逻辑关系的图形,它具有电气控制电路直观易懂的特点。

梯形图中的图形符号┤├、┤/├分别表示 PLC 编程元件的常开触点和常闭触点(或称接点);用─○─(或─(　)─)表示线圈。梯形图中编程元件的种类用图形符号及标准的字母或数字加以区别。

使用梯形图要特别注意以下几点：

(1) 梯形图中的继电器的触点、线圈不是实际使用的继电器的触点和线圈,而是 PLC 内部的一个存储单元(一个触发器),当该存储单元的逻辑状态为"1"时,表示相应继电器的线圈通电,其常开触点闭合,常闭触点断开。

(2) 梯形图按从左至右、自上而下顺序排列。每一行成为逻辑行(或称梯级),起始于左母线,然后是触点的串、并联连接,最后是线圈与右母线相连。这与电气控制电路的画法是一样的。

(3) 梯形图中每一行流过的不是真正意义上的电流,而是"概念电流",从左流向右,但两端没有电源。这个概念电流是用来描述用户程序执行中满足线圈通电的条件。这是与电气控制电路最本质的差别。

(4) 输入继电器只能用于接收外部的输入信号,而不能由 PLC 内部其他继电器的触点来驱动。所以梯形图中只能出现输入继电器的触点,而不能出现其线圈。同理,PLC 输出继电器输出程序结果给外部输出设备。当梯形图中的输出继电器线圈接通时,就有信号输出,但一般不能直接驱动输出设备,而要通过输出接口的继电器、晶体管或晶闸管放大后才能实现。输出继电器的触点可供 PLC 内部编程使用。

二、指令语句表

指令语句表示一种指令助记符来编制 PLC 程序的语言。若干条指令组成的程序就是指令语句表。

三、编程注意事项及编程方法

1. 编程注意事项

（1）PLC 编程元件的触点在编制程序时的使用次数是无限制的。这是与电气控制电路的又一大区别,电气控制电路中使用的接触器与继电器的触点数量是有限的,虽然不同型号的接触器和继电器的触点数量不同,但必须在有限触点的范围内使用,否则要加继电器进行触点的拓展。

（2）梯形图的每一逻辑行皆始于左母线,终止于右母线。每种元件的线圈都必须接于右母线;任何触点都不能放在线圈的右边与右母线相连;线圈一般也不允许直接与左母线相连。图 4.3 表明了正确与不正确的接线方式。

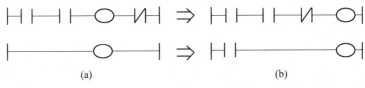

(a)　　　　　　　　　　　　　　(b)

图 4.3　正确与不正确的接线

(a) 不正确；(b) 正确。

（3）编制梯形图时,应尽量做到"上重下轻"、"左重右轻",从而符合"从左到右"、"自上而下"的执行程序的顺序,并易于编写指令语句表。图 4.4 表明了合理与不合理的接线方式。

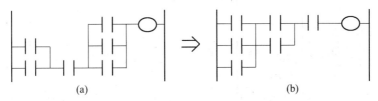

(a)　　　　　　　　　　　　　　(b)

图 4.4　合理与不合理的接线

(a) 不合理；(b) 合理。

（4）梯形图中应避免将触点画在垂直线上,这种桥式梯形图无法用指令语句来编程,要变为可以编程的形式,如图 4.5 所示。

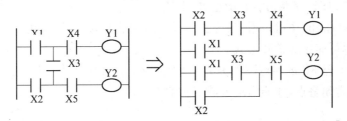

图 4.5　将无法编程的梯形图改画

（5）应避免同一继电器线圈在程序中重复输出，否则将引起误操作。

（6）外部输入设备常闭触点的处理方法。图4.6(a)是电动机直接启动控制的电气控制电路，SB_1 是停止按钮的常闭触点，SB_2 是启动按钮的常开触点，这两个按钮是直接启动电动机的输入设备（或称输入信号）。如用 PLC 控制时，SB_1 的外部接线有两种方法。图4.6(b)所示的接法是，SB_1 仍接成常闭触点的形式，接在 PLC 输入继电器的输入 X1 端子上，则在编制梯形图时，对应的输入继电器接通，这时它的常开触点 X1 是闭合的。按下 SB_1，断开输入继电器，它才断开。图4.6(c)所示的接法是，将 SB_1 接成常开触点形式，则在梯形图中，用的是常闭触点 X1。因为 SB_1 断开，对应的输入继电器断开，其常闭触点 X1 仍然闭合。当按下 SB_1 时，接通输入继电器，它才断开。

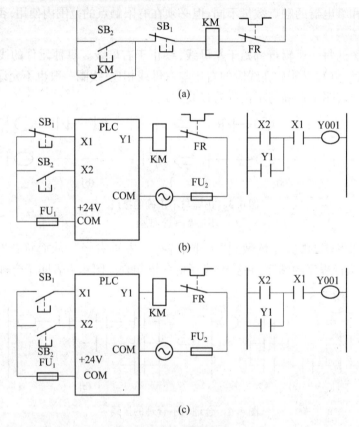

图4.6 电动机直接启动控制

在图4.6的外部接线图中，输入边的直流电源 E 通常是由 PLC 内部提供的，而交流电源是外接的，"COM"是两边各自的公共端子。

从图4.6(a)和(b)中可以看出，为了使梯形图和继电器控制电路能一一对应，PLC 输入设备的触点尽可能接成常开形式。

另外，热继电器 FR 的触点不作为 PLC 的输入信号，而将其直接接通或断开接触器线圈，所以只能接常闭触点，才能实现过载保护的要求。

2. 编程方法

下面以图4.7(a)所示的笼型电动机正、反转电路为例说明 PLC 的编程方法。

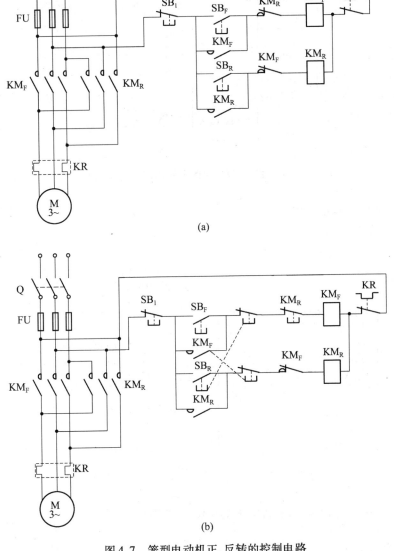

(a)

(b)

图 4.7　笼型电动机正、反转的控制电路

（1）确定 I/O 点数及其分配。在异步电动机正、反转控制电路中,属于输入信号的是停止按钮 SB_1、正转启动按钮 SB_F、反转启动按钮 SB_R,它们分别接输入继电器 X0、X1、X2。而输出信号是正转的接触器 KM_F 和反转的接触器 KM_R,它们需要与输出继电器 Y1、Y2 相连。所以异步电动机正、反转控制电路共有 5 个 I/O 点,见表 4.2。其外部接线如图 4.8 所示。

表 4.2　异步电动机正、反转控制电路的 I/O 点分配

输入	输出
SB_1 X000 SB_F X001 SB_R X002	KM_F Y001 KM_R Y002

65

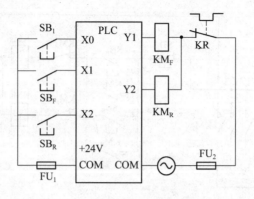

图4.8　电动机正、反转可编程控制器外部接线图

（2）编制梯形图和指令语句表。

电动机正、反转控制的梯形图和指令语句表如图4.9所示。

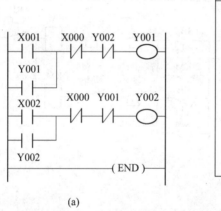

地址	指令	
0	LD	X001
1	OR	Y001
2	ANI	X000
3	ANI	Y002
4	OUT	Y001
5	LD	X002
6	OR	Y002
7	ANI	X000
8	ANI	Y001
9	OUT	Y002
10	END	

(a)　　　　　　　　　　　　　　　　(b)

图4.9　电动机正、反转控制的梯形图和指令语句表

四、可编程控制器的指令系统

不同厂家生产的可编程控制器有不同的指令系统，文字与图形符号也有差别，但功能基本相同。下面以常用的 FX$_{2N}$ 系列产品介绍它们的指令系统。FX$_{2N}$ 系列 PLC 的指令系统由基本指令和高级指令组成，共 160 余条，在此仅介绍一些最常用的基本指令。

1. 取指令 LD, 取反指令 LDI 与输出指令 OUT

1）指令助记符及功能

LD、LDI、OUT 指令的功能、在梯形图中的表示、操作的组件及所占的程序步见表4.3所列。

表 4.3　指 令 助 记 符 及 功 能

助记符(名称)	功能	梯形图表示和可操作组件	程序步
LD(取)	逻辑运算开始的常开触点	⊢⊦ ◯ X、Y、M、S、T、C	1
LDI(取反)	逻辑运算开始的常闭触点	⊢╫ ◯ X、Y、M、S、T、C	1
OUT(输出)	线圈驱动指令	⊢╫ ⊢◯⊦ Y、M、S、T、C	Y、M:1 S,特 M:2 T:3 C:3~5
注:当使用停电保持型辅助继电器 M1536~M3071 时,程序步加 1			

2）指令说明

LD 是从左母线开始取常开触点作为该逻辑行运算的开始,LDI 是从左母线开始取常闭触点作为逻辑行运算的开始。

OUT 是对输出继电器 Y、辅助继电器 M、定时器 T、计数器 C 的线圈进行驱动的指令,它不能用于输入继电器。OUT 指令可多次并联使用。

3）编程应用

图 4.10 为本组指令的梯形图实例,并附有指令表。需要指出的是,定时器 T 和计数器 C 的线圈出现在梯形图中,或在使用 OUT 指令后,必须设定十进制常数 K 和制定数据寄存器的地址号。

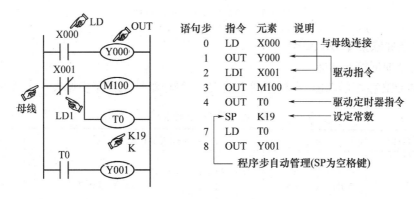

图 4.10　LD、LDI、OUT 指令的应用

2. 触点串联指令 AND、ANI

1）指令助记符及功能

AND、ANI 指令的功能、在梯形图中的表示、操作的组件及所占程序步见表 4.4 所列。

表 4.4　触点串联指令助记符及功能

助记符(名称)	功能	梯形图表示和可操作组件	程序步
AND(与)	常开触点串联连接	⊢⊢ ⊢⊢ ⊢○⊢ X、Y、M、S、T、C	1
ANI(与非)	常闭触点串联连接	⊢⊢ ⊢⊬ ⊢○⊢ X、Y、M、S、T、C	1
注:当使用 M1536 ~ M3071 时,程序步加 1			

2) 指令说明

AND、ANI 指令为单个触点的串联指令。AND 用于常开触点,ANI 用于常闭触点,串联触点的数量不受限制。

AND、ANI 指令使用的组件为输入继电器 X,输出继电器 Y,辅助继电器 M,定时器 C。

3) 编程应用

图 4.11 为本组指令的梯形图和指令表程序实例。

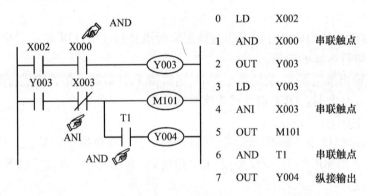

	0	LD	X002	
	1	AND	X000	串联触点
	2	OUT	Y003	
	3	LD	Y003	
	4	ANI	X003	串联触点
	5	OUT	M101	
	6	AND	T1	串联触点
	7	OUT	Y004	纵接输出

图 4.11　AND、ANI 指令的应用

3. 触点并联指令 OR、ORI

1) 指令助记符及功能

OR 和 ORI 指令的功能、在梯形图中的表示、操作组件及程序步见表 4.5 所列。

表 4.5　触点并联指令助记符及功能

助记符(名称)	功能	梯形图表示和可操作组件	程序步
OR(或)	常开触点并联连接	X、Y、M、S、T、C	1
ORI(或非)	常闭触点并联连接	X、Y、M、S、T、C	1
注:当使用 M1536 ~ M3071 时,程序步加 1			

2）指令说明

OR、ORI 指令是单个触点的串联指令。OR 为常开触点的并联,ORI 为常闭触点的并联。

与 LD、LDI 指令触点并联的触点就要使用 OR 或 ORI 指令,并联触点的数量没有限制。

若两个以上触点的串联支路与其他支路并联时,应采用后面将要介绍的电路块或ORB 指令。

3）编程应用

触点并联指令的编程应用如图 4.12 所示。

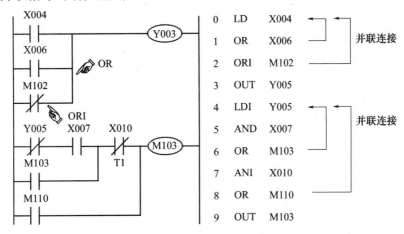

图 4.12　OR、ORI 指令的应用

4. 脉冲指令

1）指令助记符及功能

脉冲指令的助记符及功能、梯形图表示和可操作组件、程序步见表4.6所列:

表 4.6　脉冲指令助记符及功能

助记符（名称）	功能	梯形图表示和可操作组件	程序步
LDP（取脉冲）	上升沿检测运算开始	X、Y、M、S、T、C	1
LDF（取脉冲）	下降沿检测运算开始	X、Y、M、S、T、C	1
ANDP（与脉冲）	上升沿检测串联连接	X、Y、M、S、T、C	1
ANDF（与脉冲）	下降沿检测串联连接	X、Y、M、S、T、C	1

助记符（名称）	功能	梯形图表示和可操作组件	程序步
ORP（或脉冲）	上升沿检测并联连接	X、Y、M、S、T、C	1
ORF（或脉冲）	下降沿检测并联连接	X、Y、M、S、T、C	1

注：当使用 M1536～M3071 时，程序步加 1

2）指令说明

LDP、ANDP、ORP 指令是进行上升沿检测的触点指令，仅在指定位软组件由 OFF→ON 上升沿变化时，使驱动的线圈接通一个扫描周期。

LDF、ANDF、ORF 指令是进行下降沿检测的触点指令，仅在指令位软组件由 ON→OFF 下降沿变化时，使驱动的线圈接通一个扫描周期。

3）编程应用

脉冲检测指令的编程应用如图 4.13 所示。

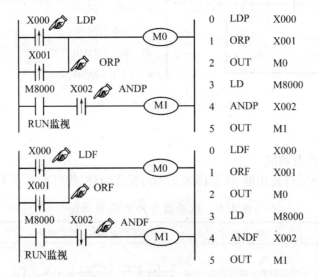

图 4.13　脉冲检测指令的应用

5. 串联电路块的并联指令 ORB

1）指令助记符及功能

ORB 指令的功能、梯形图表示、操作组件、程序步见表 4.7 所列。

表 4.7　电路块或指令助记符及功能

助记符（名称）	功能	梯形图表示和可操作组件	程序步
ORB（电路块或）	串联电路块的并联连接	操作组件：无	1

70

2）指令说明

ORB 指令是不带软组件地址号的指令。两个以上触点串联连接的支路称为串联电路块。将串联电路块再并联连接时,分支开始要用 LD、LDI 指令表示,分支结束用 ORB 指令表示。

有多条串联电路块并联时,可对每个电路使用 ORB 指令,对并联的电路数没有限制。

对多条串联电路块的并联电路,也可以成批使用 ORB 指令,但由于 LD、LDI 指令的重复使用限制在 8 次以内,因此,ORB 指令连续使用次数也应在 8 次以内。

3）编程应用

串联电路块并联指令的编程应用如图 4.14 所示。

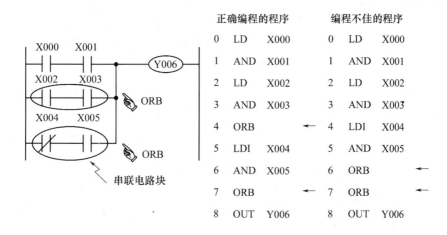

图 4.14 串联电路块并联指令的应用

6. 并联电路块的串联指令 ANB

1）指令助记符及功能

ANB 指令的功能、梯形图表示、操作组件及程序步见表 4.8 所列。

表 4.8 并联电路块的串联指令助记符及功能

助记符（名称）	功能	梯形图表示和可操作组件	程序步
ANB（电路块与）	并联电路块的串联连接	操作组件:无	1

2）指令说明

ANB 指令是不带操作组件编号的指令。两个或两个以上触点串联连接的支路称为并联电路块。当分支电路并联电路块与前面的电路串联连接时,使用 ANB 指令。分支起点用 LD、LDI 指令,并联电路块结束后使用 ANB 指令,表示与前面的电路串联。

若多个并联电路块按顺序和前面的电路串联连接时,ANB 指令的使用次数没有限制。

71

对多个并联电路块串联时,ANB 指令可以集中成批使用,但与 ORB 指令一样,也限制在 LD、LDI 指令连续使用的 8 次以内。

3) 编程应用

并联电路块串联指令的编程应用如图 4.15 所示。

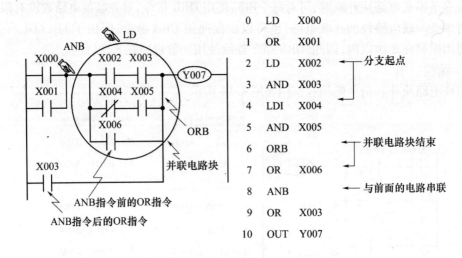

0	LD	X000	
1	OR	X001	
2	LD	X002	← 分支起点
3	AND	X003	
4	LDI	X004	
5	AND	X005	
6	ORB		← 并联电路块结束
7	OR	X006	
8	ANB		← 与前面的电路串联
9	OR	X003	
10	OUT	Y007	

图 4.15 并联电路块串联指令的应用

7. 栈操作指令 MPS、MRD、MPP

1) 指令助记符及功能

栈操作指令的功能、梯形图、操作组件和程序步见表 4.9 所列。

表 4.9 栈指令助记符及功能

助记符(名称)	功能	梯形图表示和可操作组件	程序步
MPS(进栈)	将连接点数据入栈		1
MRD(读栈)	读栈存储器栈顶数据	MPS MRS MPP	1
MPP(出栈)	取出栈存储器栈顶数据	操作组件:无	1

2) 指令说明

栈操作指令由 MPS 进栈指令、MRD 读栈指令、MPP 出栈指令组成,它们用于分支多重输出电路中的连接点处数据先存储,以便连接后面电路时的数据读出或取出。

FX$_{2N}$ 系列可编程控制器中有 11 个用来存储运算中间结果的存储区域,称为栈存储器。栈指令的操作过程如图 4.16 所示。由图中可看出,使用一次 MPS 指令,便将此刻的中间运算结果送去堆栈的第一层,而将原存在堆栈的第一层数据移往堆栈的下一层。

MRD 指令为栈读出指令,它读出栈存储器最上层的最新数据,此时栈内数据不移动。

72

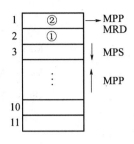

图 4.16　栈存储器

栈操作指令可对分支多重输出电路多次使用,但分支多重输出电路限制在 24 行之内。

MPP 是取出数据指令,它取出栈存储器最上层的最新数据,堆栈内的其他数据顺次向上一层移动,读出的数据从堆栈内消失。

MPS、MRD、MPP 指令是不带软组件的指令。MPS 和 MPP 要成对使用,连续使用次数应少于 11 次。

3）编程应用

图 4.17 为一层堆栈的应用程序,图 4.18 为一层堆栈并用 ANB、ORB 指令程序。

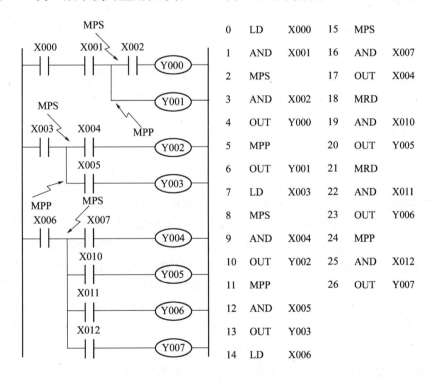

图 4.17　一层堆栈应用程序

8. 主控指令 MC、MCR

1）指令助记符及功能

MC、MCR 指令的功能、梯形图、操作组件及程序步见表 4.10 所列。

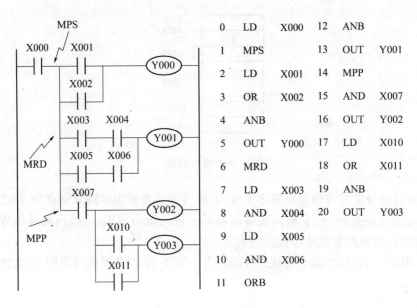

0	LD	X000	12	ANB	
1	MPS		13	OUT	Y001
2	LD	X001	14	MPP	
3	OR	X002	15	AND	X007
4	ANB		16	OUT	Y002
5	OUT	Y000	17	LD	X010
6	MRD		18	OR	X011
7	LD	X003	19	ANB	
8	AND	X004	20	OUT	Y003
9	LD	X005			
10	AND	X006			
11	ORB				

图 4.18　一层堆栈并用 ANB、ORB 指令程序

表 4.10　主控指令助记符及功能

助记符(名称)	功能	梯形图表示和可操作组件	程序步
MC(主控)	主控电路块起点	[梯形图] MC N Y,M　除了特殊辅助继电器M	3 / 2
MCR(主控复位)	主控电路块终点	[梯形图] MCR N	

2) 指令说明

MC 为主控指令,用于公共串联触点的连接,MCR 为主控复位指令,即 MC 的复位指令。编程时,经常遇到多个线圈同时受一个触点或一组触点的控制,若在每个线圈的控制电路中都串入同样的触点,将多占存储单元,应用主控指令可以很好解决这一问题。在主控指令使用时,要将主控指令控制的操作组件的常开触点与主控指令后的母线垂直串联连接,成为控制一组梯形图的电路总开关。当主控指令控制的操作组件常开触点闭合时,它所控制的一组梯形图电路被激活,如图 4.19 所示。在图 4.19 中,若输入信号 X000 接通,则执行 MC 至 MCR 之间的梯形图电路的指令。若 X000 断开,则跳过主控指令控制的梯形图电路,根据组件性质不同存在有两种不同状态:一种是积分定时器、计数器、置位/复位指令驱动的组件保持断开前的状态;另一种是非积分定时器、OUT 指令驱动的组件变为 OFF 状态。

主控 MC 指令母线后接的所有起始触点均以 LD/LDI 指令开始,最后由 MCR 指令返回到主控 MC 指令后的母线,然后向下继续执行新的程序。

在没有嵌套结构的多个主控指令程序中,可以都用嵌套级号 N0 来编程。N0 的使用次数没有限制。

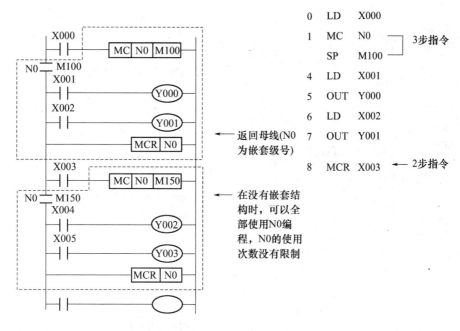

图 4.19　无嵌套结构的主控指令 MC/MCR 编程应用

通过改变 M_i 的地址号,可多次使用 MC 指令,形成多个嵌套级,嵌套级 N_i 的编号由小到大。返回时通过 MCR 指令,从大的嵌套级逐级返回。

3）编程应用

无嵌套结构的主控指令与 MC、MCR 的编程应用已在图 4.19 中表示,图中上、下两个主控指令程序中,均采用了相同的嵌套级 N0。

有嵌套级结构的主控指令 MC、MCR 编程应用如图 4.20 所示。图中 MC 指令内嵌套了 MC 指令,嵌套级 N 的地址号按顺序增大。返回时采用 MCR 指令,则从大嵌套级 N 开始消除。

9. 置位、复位指令 SET、RST

1）指令助记符及功能

SET、RST 指令的功能、梯形图、操作组件及程序步见表 4.11 所列。

表 4.11　置位、复位指令助记符及功能

助记符（名称）	功能	梯形图表示和可操作组件	程序步
SET（置位）	线圈接通保持指令	⊣ ⊢ SET　　Y, M, S	Y、M：1 S、特 M：2
RST（复位）	线圈接通清除指令	⊣ ⊢ RST　Y,M,S,T,C,D,V,Z	T、C：2 D、V、Z、特 D：3

2）指令说明

SET 为置位指令,使输出线圈接通保持。RST 为复位指令,使线圈断开,恢复原来的状态。

对于同一软组件,SET、RST 可多次使用,对使用次数不加限制,但最后执行者有效。

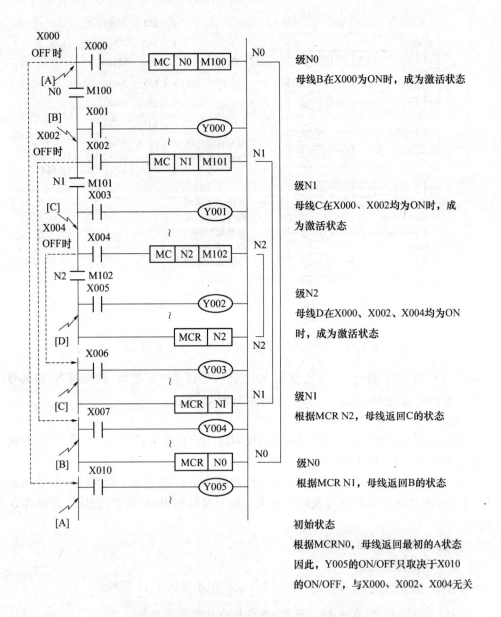

图 4.20　主控指令 MC、MCR 嵌套的编程应用

3）编程应用

图 4.21 为 SET、RET 指令的编程应用。在图 4.21 中，SET（置位）指令的执行条件 X000 一旦闭合后再断开，即产生一个正脉冲信号，Y000 线圈被驱动接通，即为 ON 状态并保持。复位指令 RST 的执行条件为 X001 软触点闭合后断开，同理也是一个正脉冲信号，Y000 线圈断开，即为 OFF 状态并保持。图中的 M0、S0 也和 Y000 的动作相同。

10. 积分脉冲输出指令 PLS、PLF

1）指令助记符及功能

积分脉冲指令 PLS、PLF 的功能、梯形图、操作组件及程序步见表 4.12 所列。

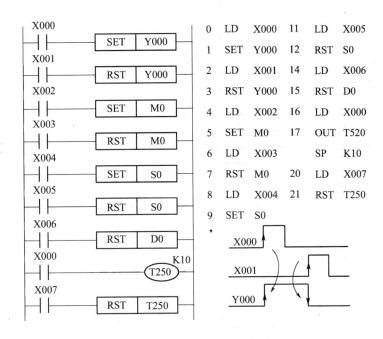

图 4.21　SET、RST 指令的编程应用

表 4.12　指令助记符及功能

助记符（名称）	功能	电路表示和可操作组件			程序步
PLS（置位）	上升沿微分输出	⊢⊢	SET	Y, M, S	2
PLF（复位）	下降沿微分输出	⊢⊢	RST	Y,M,S,T,C,D,V,Z	2

注：（1）当使用 M1536 ~ M3071 时，程序步加 1。
　　（2）特殊继电器不能作为 PLS 或 PLF 的操作组件

2）指令说明

PLS 指令使操作组件在输入信号上升沿时产生一个扫描周期的脉冲输出。PLF 指令则使操作组件在输入信号下降沿产生一个扫描周期的脉冲输出。

从图 4.22 可以看出，PLS、PLF 指令可将输入组件的脉宽较宽的输入信号变成脉宽等于可编程控制器的扫描周期的触发脉冲信号，相当于对输入信号进行了微分处理。

3）编程应用

PLS、PLF 指令的编程应用如图 4.23 所示，图中展示了梯形图、语句表及对应的波形图。

11. 取反指令 INV

1）指令助记符及功能

INV 指令的功能、梯形图、操作组件及程序步见表 4.13 所列。

77

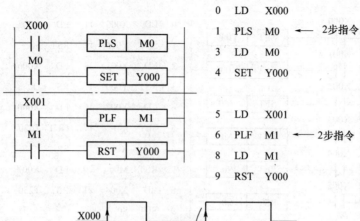

```
0    LD    X000
1    PLS   M0      ← 2步指令
3    LD    M0
4    SET   Y000

5    LD    X001
6    PLF   M1      ← 2步指令
8    LD    M1
9    RST   Y000
```

图 4.22　PLS、PLF 指令的编程应用

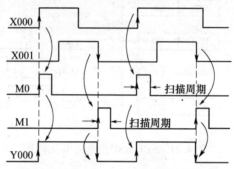

图 4.23　INV 指令操作示意图

表 4.13　指令助记符及功能

助记符(名称)	功能	电路表示和可操作组件	程序步
INV(取反)	运算结果取反	⊣⊢⊣/⊢◯⊣ 无操作软元件	1

2）指令说明

INV 指令是将执行 INV 指令的计算结果取反后不需要指定软组件的地址号,如图 4.23 所示。

使用 INV 指令编程时,可以在 AND 或 ANI、ANDP 或 ANDF 指令的位置编程,也可在 ORB、ANB 指令回路中编程,但不能像 OR、ORI、ORP、ORF 那样单独并联实用,也不能像 LD、LDI、LDF 那样与母线单独连接。

3）编程应用

图 4.24 是简单的 INV 指令的编程应用。图 4.25 是包含 ORB 指令、ANB 指令的较复杂回路的编程实例。从图 4.25 可知，每个 INV 指令均将它前面的逻辑运算的结果求反。它的输出信号 Y000 的逻辑表达式为：

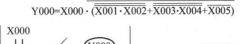

$$Y000=X000 \cdot \overline{(\overline{X001 \cdot X002} + \overline{X003 \cdot X004} + \overline{X005})}$$

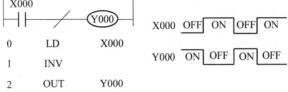

图 4.24　取反指令 INV 的编程应用

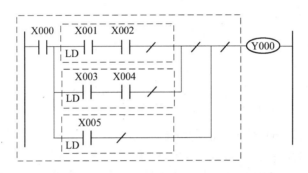

图 4.25　INV 指令在 ORB、ANB 指令在复杂回路中的编程应用

12. 空操作指令 NOP 和程序结束指令 END

1）指令助记符及功能

NOP 和 END 指令的功能、梯形图、操作组件及程序步见表 4.14 所列。

表 4.14　指令助记符及功能

助记符（名称）	功能	电路表示和可操作组件	程序步
NOP（空操作）	无操作	┤─ NOP ─├ 无操作元件	1
END（结束）	输入、输出处理返回到 0 步	┤─ END ─├ 无操作元件	1

2）指令说明

空操作 NOP 指令就是该步无操作。在程序中加入 NOP 指令，在变更程序或增加指令时可以使步序号不变。用 NOP 指令也可以替换一些已写入的指令，修改梯形图或程序。但要注意，若将 LD、LDI、ANB、ORB 等指令换成 NOP 指令后，会引起原梯形图的结构发生很大的变动，导致错误。

图 4.26 是使用 NOP 指令使原电路发生变化的实例。

在图 4.26（a）中，AND、ANI 指令改为 NOP 指令会使相关触点短路；在图 4.26（b）中，

79

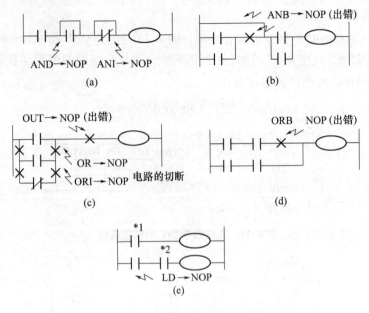

图 4.26 用 NOP 指令修改电路

(a) 触点的短路; (b) 前面的电路全部短路;

(c) 电路断路; (d) 前面电路分部断开; (e) 电路纵接。

ANB 指令改为 NOP 指令时,使前面的电路全部短路;在图 4.26(c)中,OR 指令改为 NOP 指令时使相关的电路开路;在图 4.26(d)中,ORB 指令改为 NOP 指令时使前面的电路全部开路;在图 4.26(e)中,LD 指令改为 NOP 指令时,则与上面的 OUT 电路纵接。

在执行程序全部清零操作时,所有指令均变成 NOP。

END 为程序结束指令。可编程控制器是按照程序指令进行输入处理,当执行到 END 指令时,结束输入处理转为输出处理。

END 指令还可以对较长的程序分段调试。调试时将较长的程序分成若干段,每个程序段后插入 END 指令,可以依次对各段程序执行调试检查,确定每段程序都准确无误时再依次删除 END 指令。

4.4 可编程控制器应用举例

例 4.4.1 三相异步电动机Y—△换接启动的 PLC 控制。

Y—△换接的继电接触器控制电路如图 4.27 所示。

今改用 PLC 控制,可画成图 4.28 的外部接线图(图 4.28(b)),梯形图(图 4.28(c)),及指令语句表(图 4.28(d)),图 4.28(a)为Y—△换接启动的主电路。

对于 PLC 控制电路首先要清楚系统的输入信号和输出信号的数量,即 I/O 的点数,这样才可以选择 PLC 的机型。三相电动机的Y—△换接电路的输入信号有两个按钮即停止按钮 SB₁ 和启动按钮 SB₂;输出信号为三个接触器线圈 KM₁、KM₂ 及 KM₃。其 I/O 点分配,见表 4.15。

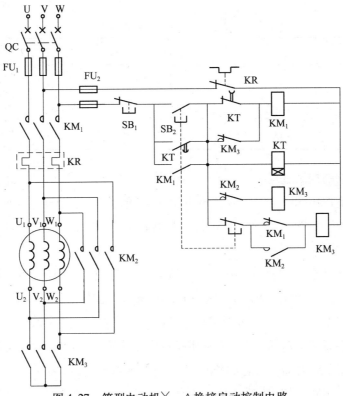

图 4.27　笼型电动机丫—△换接启动控制电路

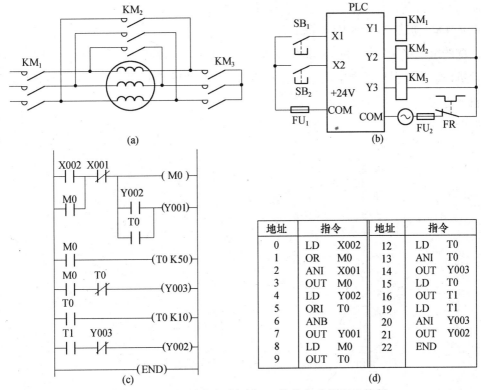

地址	指令		地址	指令	
0	LD	X002	12	LD	T0
1	OR	M0	13	ANI	T0
2	ANI	X001	14	OUT	Y003
3	OUT	M0	15	LD	T0
4	LD	Y002	16	OUT	T1
5	ORI	T0	19	LD	T1
6	ANB		20	ANI	Y003
7	OUT	Y001	21	OUT	Y002
8	LD	M0	22	END	
9	OUT	T0			

图 4.28　三相异步电动机丫—△换接启动的 PLC 控制

表 4.15   I/O 点分配

输入		输出	
SB$_1$	X001	KM$_1$	Y001
SB$_2$	X002	KM$_2$	Y002
		KM$_3$	Y003

下面分析它的控制过程:

启动时按下按钮 SB$_2$,PLC 的输入继电器 X002 的常开触点闭合,辅助继电器 M000 和输出继电器 Y001、Y003 均接通。此时即将接触器 KM$_1$ 和 KM$_3$ 同时接通,电动机定子绕组接成Y形降压启动。

同时辅助继电器 R0 的常开触点 R0 接通定时器 T0,它开始延时,5s 后动作,其 T0 的常闭触点断开,使输出继电器线圈 Y001 和 Y003 断开,此时即断开 KM$_1$ 和 KM$_3$。

同时定时器 T0 的常开触点接通 T1,它开始延时,1s 后动作,线圈 Y002 和 Y001 相继接通。此时即接通了 KM$_2$ 和 KM$_1$,电动机换接为△连接,随后转为正常运行。

在本例中用了定时器 T1,它的作用是不会发生 KM$_3$ 尚未断开时,KM$_2$ 就接通的现象,避免 KM$_2$ 和 KM$_3$ 同时接通造成电源短路。T0,T1 的延时时间可以根据实际需要设定。

例 4.4.2   加热炉自动上料控制。

本例的继电接触器控制电路如图 4.29 所示,该生产机械有两台电动机,M$_1$ 为炉门开启电动机,M$_2$ 为推料机进退电动机。它们都是通过电动机的正、反转实现炉门的开、闭或推料机的进退。

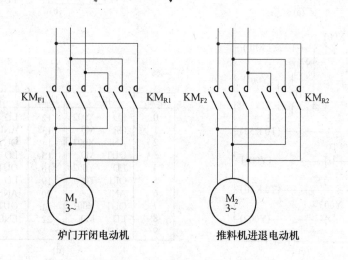

炉门开闭电动机   推料机进退电动机

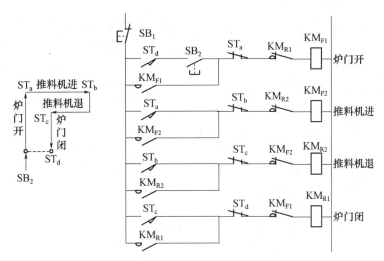

图 4.29 加热炉自动上料的工艺流程及控制电路

加热炉自动上料控制电路的动作次序如下：

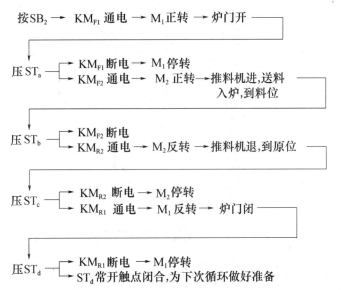

今用 PLC 来控制,其外部接线图、梯形图及指令语句表如图 4.30 所示。
它的 I/O 点分配见表 4.16。

表 4.16 I/O 点分配

输入		输出	
SB_1	X001		
SB_2	X002	KM_{F1}	Y001
ST_a	X003	KM_{R1}	Y002
ST_b	X004	KM_{F2}	Y003
ST_c	X005	KM_{R2}	Y004
ST_d	X006		

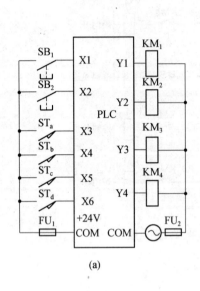

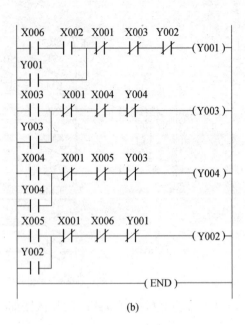

(a)

(b)

地址	指令		地址	指令	
0	LD	X006	14	OR	Y004
1	AN	X002	15	ANI	X001
2	OR	Y001	16	ANI	X005
3	ANI	X001	17	ANI	Y003
4	ANI	X003	18	OUT	Y004
5	ANI	Y002	19	LD	X005
6	OUT	Y001	20	OR	Y002
7	LD	X003	21	ANI	X001
8	OR	Y003	22	ANI	X006
9	ANI	X001	23	ANI	Y001
10	ANI	X004	24	OUT	Y002
11	ANI	Y004	25	END	
12	OUT	Y003			
13	LD	X004			

(c)

图 4.30　加热炉自动上料

(a) 外部接线图；(b) 梯形图；(c) 指令语句表。

例 4.4.3　3 台电动机循环启、停运转控制。

今有 3 台电动机，要求第一台电动机启动 5s 后第二台启动，第二台启动 5s 后第三台启动；并要求每台电动机运行 10s 后停止，启动与停止要循环进行。

若 3 台电动机的输出分别用 Y001、Y002、Y003 表示，则可画出图 4.31 所示的控制时序图。

从时序图中不难看出，Y001、Y002、Y003 的控制逻辑都与 5s 一个的时间点有关，每个时间点都有电动机启、停。所以"时间点"是程序设计关键。由于本例"时间点"的时间间隔相同，所以可借助振荡电路和计数器来实现。设 X001 为电动机运行开始的时刻，设定时器 T1 开始振荡，再用计数器 C0、C1、C2、C3 作为循环过程的"时间点"，循环功能借助 C3 对全部计数器的复位实现。"时间点"建立以后，利用这些点表示输入、输出状态比较容易。Y001、Y002、Y003 的启、停都由"时间点"确定。梯形图如图 4.32 所示。

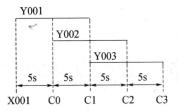

图 4.31　3 台电动机控制时序图

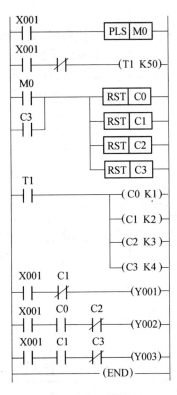

图 4.32　3 台电动机控制梯形图

第五章　课程设计题目汇编

电工技术课程设计题目包括两方面的内容,一是电气控制线路的设计与计算,二是可编程控制器的应用。

电气控制线路的设计与计算:按给出的设计要求,设计出电气控制的原理图,根据原理图在通用实验箱上接线并试车,然后按要求写出课程设计报告。

对于可编程控制器的应用:按给出的控制要求设计出可编程控制器的梯形图,写出程序语句表,然后通过计算机编程与通用实验箱连线做仿真实验。

以上两方面的课程设计题目都与实际应用的电路密切结合,通过亲自动手设计、实验会得到一次系统的工程训练,以后遇到类似的问题会迎刃而解。电工技术课程设计的题目如下。

5.1　三相异步电动机的顺序启动、能耗制动的电路设计与计算

一、电动机的性能指标

某一小型车床有两台电动机,分别为主轴电动机和冷却泵电动机。两台电动机的性能指标见表5.1。

表5.1　电动机的性能指标

名　称	主轴电动机	冷却泵电动机	名　称	主轴电动机	冷却泵电动机
型号	YB2M-4	Y801-2	型号	YB2M-4	Y801-2
额定功率 P_N/kW	7.5	0.75	$\cos\varphi$	0.85	0.86
额定电压 U_N/V	380	380	I_{st}/I_N	7	7
额定电流 I_N/A	15.4	2.52	T_{st}/T_N	2.2	2.1
额定转数 n_N/(r/min)	1440	2830	T_{max}/T_N	2.2	2.1
效率 η/%	87	75			

二、加工工艺对控制电路的要求

(1)主轴电动机为直接启动、能耗制动。电动机只有一个转向(正转),反转由机械的换向机构来实现。

(2)为了对刀的需要,主轴电动机应具有点动功能。

(3)冷却泵电动机是为零件加工时冷却刀具而设置的,它必须在主轴电动机启动后

方可启动。

（4）冷却泵电动机为直接启动，自由停车。

（5）电路要具有可靠的短路保护和过载保护。

三、课程设计任务

（1）设计该机床的电气原理图并标注接线号。

（2）在通用实验箱上接线并试车。

（3）计算：

① 画出主轴电动机各相绕组的电压、电流的相量图。

② 计算主轴电动机绕组的阻抗。

③ 若将主轴电动机的 $\cos\varphi$ 提高到 0.95，每相绕组应并联多大的电容？

④ 该台车床每天工作 8h，1 个月消费的电能是多少？若每度（1 度 = $1\text{kW}\cdot\text{h}$）电按 0.5 元计算，1 个月的电费开支为多少？

四、课程设计的收获与建议

5.2 三相异步电动机的顺序启动、反接制动的电路设计与计算

一、电动机的性能指标

某一小型车床有两台电动机，分别为主轴电动机和冷却泵电动机。两台电动机的性能指标见表 5.2。

表 5.2 电动机的性能指标

名 称	主轴电动机	冷却泵电动机	名 称	主轴电动机	冷却泵电动机
型号	YB2S – 4	Y801 – 2	型号	YB2S – 4	Y801 – 2
额定功率 P_N/kW	5.5	0.75	$\cos\varphi$	0.84	0.84
额定电压 U_N/V	380	380	I_{st}/I_N	7.0	7.0
额定电流 I_N/A	11.6	2.52	T_{st}/T_N	2.1	2.0
额定转数 n_N/(r/min)	1440	2830	T_{max}/T_N	2.1	2.0
效率 η/%	85.5	75			

二、加工工艺对控制电路的要求

（1）主轴电动机为直接启动、反接制动。电动机只有一个转向（正转），当需要反向时，由机械的换向装置来实现。

（2）为了加工前对刀的需要，主轴电动机应具有点动功能。

（3）冷却泵电动机是为零件加工时冷却刀具而设置的，当主轴电动机启动后，方可启动冷却泵电动机。

（4）冷却泵电动机为直接启动、自由停车。

（5）电路要具有可靠的短路保护和过载保护。

三、课程设计任务

（1）设计该机床的电气原理图并标注接线号。

（2）在通用实验箱上接线并试车。

（3）计算：

① 画出主轴电动机各相绕组的电压、电流的相量图。

② 计算主轴电动机绕组的阻抗。

③ 若将主轴电动机的 $\cos\varphi$ 提高到 0.95，每相绕组应并联多大的电容？

④ 该台车床每天工作 8h，1 个月消费的电能是多少？若每度电按 0.5 元计算，1 个月的电费开支为多少？

四、课程设计的收获与建议

5.3 绕线式三相交流电动机的启动、制动电路的设计与计算

某一天车的吊钩为绕线式电动机拖动，绕线式电动机通常用在启动转矩较大的生产机械上，如起重机、卷扬机等。这种电动机在转子电路中接入大小适宜的电阻不仅可以提高启动转矩，还可以减小转子的启动电流，随着电动机转速的升高逐级切除转子所串的电阻。所以绕线式电动机启动时转子一定串入电阻，不可直接启动，在制动时，一般采用电磁抱闸将转子抱紧的方法实现。

一、电动机的性能指标

电动机的性能指标见表 5.3。

表 5.3　电动机的性能指标

名　称	绕线式电动机	名　称	绕线式电动机
型号	Y255M – 4	型号	Y255M – 4
额定功率 P_N/kW	45	$\cos\varphi$	0.88
额定电压 U_N/V	380	I_{st}/I_N	7
额定电流 I_N/A	84.2	T_{st}/T_N	1.9
额定转数 n_N/(r/min)	1470	T_{max}/T_N	2.2
效率 η/%	92.3		

二、对控制电路的要求

（1）该吊钩电动机为两级转子串电阻启动，两级电阻分别为 R_1 和 R_2，则启动时转子电路将串入电阻 R_1 和 R_2。

88

（2）经延时,将 R_1 短接,再经延时将 R_2 短接。

（3）天车的行走由另一台电动机拖动,电动机正转时向右运动,电动机反转时向左运动。

（4）左右运动要有可靠的互锁,避免电源相间短路。

（5）左右两极限位置要有可靠的限位保护,除电气的保护外,还应有机械的限位保护。

（6）电路要具有可靠的短路和过载保护。

三、课程设计任务

（1）设计该天车的电气原理图并标注接线号。

（2）在通用实验箱上接线并试车。

（3）说明吊钩电动机在下降重物时,电动机的转速为什么不会升高,致使下降重物的速度加快?

（4）计算:

① 求出吊钩电动机和行走电动机的:额定转差率 S_N、启动电流 I_{st}、额定转矩 T_N、转动转矩 T_{st}、最大转矩和额定的输入功率 P_1。

② 按吊钩电动机每天工作 4h,行走电动机每天工作 2h 计算,一月消费的电能及应支出的电费(电费每度按 0.5 元计算)。

四、课程设计的收获与建议

5.4 三相异步电动机的顺序启动、统一停止的电路设计与计算

某生产机械有 3 台电动机,一台是主电动机,一台是工作台进给电动机,另一台为冷却泵电动机。主电动机为直接启动、能耗制动。进给电动机和冷却泵电动机均为直接启动、自由停车。

一、电动机的性能指标

电动机的性能指标见表 5.4。

表 5.4 电动机的性能指标

名　称	主轴电动机	进给电动机	冷却泵电动机
型　号	Y225M－4	Y100L2－4	Y801－2
额定功率 P_N/kW	45	3	1.1
额定电压 U_N/V	380	380	380
额定电流 I_N/A	84.2	6.82	2.52
额定转数 n_N/(r/min)	1480	1430	2830
效率 η/%	92.3	82.5	77
$\cos\varphi$	0.88	0.81	0.86

名　称	主轴电动机	进给电动机	冷却泵电动机
型　号	Y225M – 4	Y100L2 – 4	Y801 – 2
I_{st}/I_N	7.0	7.0	7.0
T_{st}/T_N	1.9	2.2	2.2
T_{max}/T_N	2.2	2.2	2.2

二、加工工艺对控制电路的要求

（1）主轴电动机为直接启动、自由停车，它能正、反转，并且正、反转都可以点动。

（2）进给电动机也为直接启动、自由停车，它也可以正、反转，但不需要点动。

（3）进给电动机必须在主轴电动机工作后方可启动，以避免主轴电动机没工作时，主轴上安装的刀具没有切削力被工件损毁。

（4）进给电动机正转拖动工作台向前运动，反转时拖动工作台向后运动，前后运动的自动转变靠安装在床鞍上的行程开关与工作台上的挡铁相互作用来实现。

（5）冷却泵电动机为直接启动、自由停车。它也必须在主轴电动机启动后方可启动，因为主轴不工作时冷却没有意义。

（6）设有信号显示，显示的信号为电源接通、进给电动机工作。

（7）安装一盏 36V 的照明灯。

（8）控制电路为 380V 供电，信号电路为 220V 供电，照明电路为 36V 供电。

（9）主电路和控制、信号照明电路要有可靠的短路保护，主轴电动机和进给电动机要设有过载保护。

三、课程设计任务

（1）设计该机床的电气原理图并标注接线号。

（2）编制电气元件目录表，写明序号、名称、型号、文字符号、用途、数量。

（3）设计的原理图经审查合格后，接线试车。

（4）计算：

① 计算生产机械的 3 台电动机均满负荷工作后的线电流 $\dot{I}_L$。

② 计算主电动机三相阻抗。

③ 计算主电动机的额定转矩 T_N。

四、课程设计的收获与建议

5.5　三相异步电动机的顺序启动、顺序停止的电路设计与计算

有很多生产机械不仅要求异步电动机启动时有顺序的过程，而且在停止时也要有顺

序停止的要求。例如,功率较大的铣床,启动时要求主轴电动机工作后,才允许启动进给电动机,这样可以避免刀具的损坏。而在停止时必须先停下进给电动机后,才允许停主轴电动机,这样可以保证工件加工的光洁度。

一、电动机的性能指标

某一生产机械有两台电动机,即主轴电动机 M_1 和进给电动机 M_2,这两台电动机启动的顺序是启动 M_1 后,方可以启动 M_2。而停止时,只有先停止 M_1,才可以停止 M_2,按这样顺序,生产机械才能正常工作。电动机的性能指标见表5.5。

表5.5 电动机的性能指标

名　称	主轴电动机	进给电动机	名　称	主轴电动机	进给电动机
型号	Y225M－4	Y112M－4	型号	Y225M－4	Y112M－4
额定功率 P_N/kW	45	4.0	$\cos\varphi$	0.88	0.82
额定电压 U_N/V	380	380	I_{st}/I_N	7.0	7.0
额定电流 I_N/A	84.2	8.77	T_{st}/T_N	1.9	2.2
额定转数 n_N/(r/min)	1480	1440	T_{max}/T_N	2.2	2.2
效率/%	92.3	84.5			

二、加工工艺对控制电路的要求

(1) 主轴电动机 M_1 为直接启动、能耗制动。

(2) 主轴电动机只有一个转向,但可以点动。

(3) 进给电动机 M_2 为直接启动、自由停车。

(4) 进给电动机可以正、反转,正转时拖动工作台向前运动,反转时拖动工作台向后运动。

(5) 进给电动机必须在主轴电动机工作后方可启动,停止时,必须先停进给电动机才可停下主轴电动机。

(6) 安装一盏36V的照明灯。

(7) 信号电路要设有电源显示。

(8) 电路中要有完备的短路和过载保护。

三、课程设计任务

(1) 设计该机床的电气原理图并标注接线号。

(2) 编制电气元件目录表,写明序号、名称、型号、文字符号、用途、数量。

(3) 图纸经审查合格后,接线试车。

(4) 计算:

① 计算生产机械工作时的线电流及电动机消耗的功率。

② 计算每天工作8h的电能损耗及电费支出(每度为0.5元)。

四、课程设计的收获与建议

5.6 三相异步电动机定子串电阻启动的电路设计与计算

对于启动电流较大的星形接法的异步电动机,无法采用星—三角启动的降压方式,只好选择定子串电阻来达到降压启动、限制启动电流的目的。当启动时,先将电阻串联在每相绕组上,由于电阻的分压作用,使绕组承受的电压小于220V,实现降压启动。启动结束后将电阻短接,220V电压加到每相绕组上。这样降压启动的优点是启动时加到绕组的电压可以任意选择,缺点是电阻消耗了电能。

一、电动机的性能指标

某生产机械有两台电动机,即主电动机 M_1 和工作台电动机 M_2,其性能指标见表5.6。

表5.6 电动机的性能指标

名 称	主轴电动机	进给电动机	名 称	主轴电动机	进给电动机
型号	Y180L-4	Y90L-4	型号	Y180L-4	Y90L-4
额定功率 P_N/kW	22	1.5	$\cos\varphi$	0.86	0.79
额定电压 U_N/V	380	380	I_{st}/I_N	7.0	6.5
额定电流 I_N/A	42.5	3.65	T_{st}/T_N	2.0	2.2
额定转数 n_N/(r/min)	1470	1400	T_{max}/T_N	2.2	2.2
效率/%	91.5	79			

二、加工工艺对控制电路的要求

(1)主轴电动机定子串电阻启动、自由停车,启动时将电阻 R 串入,经延时将 R 短接。

(2)主电动机启动后方可启动进给电动机,进给电动机可以正、反转,它也为直接启动、自由停车。

(3)工作台左右方向的运动,用行程开关换向,并要具有左右方向的极限位置保护。

(4)安装一盏36V照明灯。

(5)要有电源工作显示。

(6)电路中要有完备的短路和过载保护。

三、课程设计任务

(1)设计该机床的电气原理图并标注接线号。

(2)编制电气元件目录表,写明序号、名称、型号、文字符号、用途、数量。

(3)图纸经审查合格后,接线试车。

(4)计算:

① 要求主电动机的启动电流为 150A 时,应串接多大阻值的电阻?

② 如不考虑机械传动的损耗,电源的输入功率 P_1 是多少?

③ 若要将主电动机的功率因数从 0.86 提高到 0.95,在电动机绕组两端应该并联多大的电容?

四、课程设计的收获与建议

5.7 三相异步电动机星—三角启动、反接制动的电路设计与计算

异步电动机使用的是星—三角启动、反接制动,反接制动的控制电路应用的很多,如卧式镗床的主轴电动机。这种启动方法可以减小启动电流对电网的冲击,反接制动可以缩短制动时间。

一、电动机的性能指标

某生产机械有两台电动机,即主电动机和工作台电动机。主轴电动机启动时接成星形,每相绕组承受 220V 电压,经延时将绕组接成三角形,每相绕组承受 380V 电压,其性能指标见表 5.7。

表 5.7 电动机的性能指标

名　称	主轴电动机	进给电动机	名　称	主轴电动机	进给电动机
型号	Y132M－4	Y90L－4	型号	Y132M－4	Y90L－4
额定功率 P_N/kW	7.5	1.5	$\cos\varphi$	0.85	0.79
额定电压 U_N/V	380	380	I_{st}/I_N	7.0	6.5
额定电流 I_N/A	15.4	3.65	T_{st}/T_N	2.2	2.2
额定转数 n_N/(r/min)	1440	1400	T_{max}/T_N	2.2	2.2
效率/%	87	79			

二、加工工艺对控制电路的要求

(1) 主轴电动机启动时绕组接成星形降压启动,经延时转为三角形满电压运行。

(2) 主电动机启动后方可启动进给电动机,进给电动机可以正、反转。

(3) 主轴电动机为反接制动。

(4) 工作台移动方向的改变靠挡铁撞行程开关实现,在工作台的极限位置要有极限位置保护,避免发生事故。

(5) 进给电动机的正转或反转要有可靠的按钮互锁和触点互锁。

(6) 进给电动机为直接启动、自由停车。

(7) 安装一盏 36V 照明灯。

（8）电路中要有完备的短路和过载保护。

三、课程设计任务

（1）设计该机床的电气原理图并标注接线号。

（2）编制电气元件目录表，写明序号、名称、型号、文字符号、用途、主要技术参数、数量。

（3）电气原理图经审查合格后，接线试车。

（4）计算：

① 两台电动机都工作时的电网上的线电流 i_L。

② 如不考虑机械各种损耗情况下，电源的输入功率是多少。

③ 主轴电动机可提供的额定转矩是多少？

四、课程设计的收获与建议

5.8 完成三程序的自动顺序工作的半自动
机床控制电路的设计与计算

在自动或半自动机床加工的车间中，工作台进给运动一般都采用液压传动的方式，进给速度的改变通过电磁阀的通断来实现。这样就避免了对工作台进给电动机的调速要求，又使速度的变化既容易实现又平稳有力。因此，液压传动的机床用液压泵电动机替代进给电动机。

电磁阀的额定电流一般都不大，它的通断既可以用接触器的辅助触点，或用中间继电器的触点来实现。考虑到中间继电器的触点较多，可实现多路控制，所以用中间继电器的触点控制电磁阀的通断为最好。

某一半自动卧式铣床，对工件进行半自动铣削加工，它的加工流程如图5.1所示。

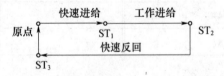

图 5.1 半自动卧式铣床加工流程

它有三个加工程序，第一程序是快速进给，区间在原点 ST_3 到 ST_1 之间。第二程序为工作进给，区间在 ST_1 到 ST_2 之间。第三程序为快速返回到原点 ST_3 位置结束，完成一个工件的半自动加工过程。

一、电动机的性能指标

该半自动卧式铣床有两台电动机，即主轴电动机和液压泵电动机，其性能指标见表5.8。

表5.8 电动机的性能指标

名 称	主轴电动机	液压泵电动机	名 称	主轴电动机	液压泵电动机
型号	Y132M – 4	Y132S – 4	型号	Y132M – 4	Y132S – 4
额定功率 P_N/kW	7.5	5.5	$\cos\varphi$	0.85	0.84
额定电压 U_N/V	380	380	I_{st}/I_N	7.0	7.0
额定电流 I_N/A	15.4	11.6	T_{st}/T_N	2.2	2.2
额定转数 n_N/(r/min)	1440	1440	T_{max}/T_N	2.2	2.2
效率/%	87	85.5			

二、加工工艺对控制电路的要求

（1）首先启动液压泵电动机,压力正常后,压力继电器常开触点闭合,方可启动主轴电动机。

（2）液压泵电动机为直接启动、自由停车。但一般情况下不可随意按下停止按钮,它作为总停或急停按钮使用。

（3）主轴电动机拖动刀具对零件加工,它为直接启动、自由停车。

（4）工作台的原点行程开关为 ST_3,快速进给时为电磁阀1YA通电,工作进给电磁阀2YA通电,快速返回时为电磁阀3YA通电。

（5）程序与程序之间要有可靠的互锁,通常采用上一程序工作为下一程序做好准备,下一程序工作断开上一程序的互锁办法。

（6）电磁阀线圈的工作电压为直流24V。

（7）要有各程序工作的显示。

（8）电路中要有完备的短路和过载保护。

三、课程设计任务

（1）设计该铣床的电气原理图并标注接线号。

（2）编制电气元件目录表,写明序号、名称、型号、文字符号、用途、主要技术参数、数量。

（3）电气原理图经审查合格后,接线试车。

（4）计算:

① 在额定负载且不考虑机械损耗情况下,计算电源的输入功率,线路上的线电流 i_L。

② 若将该生产机械的功率因数提高到0.95时,电网上应并联多大的电容?

四、课程设计的收获与建议

5.9　完成四程序的自动顺序工作的半自动
机床控制电路的设计与计算

某一半自动卧式磨床,对工件进行磨削加工,它的工艺流程如图5.2所示。

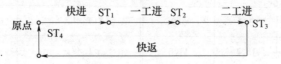

图5.2　半自动卧式磨床加工流程

它有四个加工程序:第一程序是快速进给(简称快进),第二程序是第一工作进给,(简称一工进),第三程序是第二工作进给(简称二工进),第四工作程序是快速返回(简称快返)。程序的转换靠挡铁碰撞相应的行程开关来实现。原点处的行程开关为 ST_4 , ST_1 是快进与一工进的转换开关, ST_2 是一工进和二工进的转换开关, ST_3 是二工进和快返的转换开关。加工从原点开始,加工后又返回原点处停止,完成一个工件的加工过程。

一、电动机的性能指标

该磨床有两台电动机,即磨头电动机和液压泵电动机,其性能指标见表5.9。

表5.9　电动机的性能指标

名称	主轴电动机	液压泵电动机	名称	主轴电动机	液压泵电动机
型号	Y100L-2	Y132S-4	型号	Y100L-2	Y132S-4
额定功率 P_N/kW	3.0	5.5	$\cos\varphi$	0.86	0.84
额定电压 U_N/V	380	380	I_{st}/I_N	7.0	7.0
额定电流 I_N/A	6.39	11.6	T_{st}/T_N	2.2	2.2
额定转数 n_N/r/min	2870	1440	T_{max}/T_N	2.2	2.2
效率/%	82	85.5			

二、加工工艺对控制电路的要求

(1)首先启动液压泵电动机,待压力正常后,速度继电器的常开触点闭合,方可启动磨头电动机。

(2)液压泵电动机为直接启动、自由停车。一般情况下不按下停止按钮,只有在特殊情况下才可按下,所以它作为总停止或急停按钮。

(3)磨头电动机拖动砂轮对零件磨削加工,它为直接启动、自由停止。

(4)工作台的原点行程开关为 ST_4 ,快速进给时按下程序启动按钮,电磁阀1YA通电。压下行程开关 ST_1 后由快进转为一工进,这时电磁阀2YA通电。压下行程开关 ST_2 后由一工进转为二工进,这时电磁阀3YA通电。压下行程开关 ST_3 后加工完毕,快速返回原点,这时电磁阀4YA通电,待压下原点行程开关 ST_4 后停止,完成对一个工件的加工。装卡完下一个工件后,又可以重新启动程序,自动进行下一工件的加工程序。

（5）程序与程序之间要有可靠的互锁，为节约触点的数量，提高可靠性，采用上一程序工作为下一程序做好准备，下一程序工作断开上一程序的互锁办法，这样每个程序只要串接一个常闭触点即可。

（6）电磁阀线圈的工作电压为直流24V。

（7）要有各程序工作的显示。

（8）电路中要有完备的短路和过载保护。

三、课程设计任务

（1）设计该磨床的电气原理图并标注接线号。

（2）编制电气元件目录表，写明序号、名称、型号、文字符号、用途、主要技术参数、数量。

（3）电气原理图经审查合格后，接线试车。

（4）计算：

① 在不考虑机械损耗情况下，计算额定负载时电源的输入功率及电路上的线电流 i_L。

② 将该生产机械的功率因数提高到 0.95 时，应并联多大的电容？

四、课程设计的收获与建议

5.10 铣床的电气控制电路设计与计算

一、电动机的性能指标

某台铣床有 3 台电动机，即主轴电动机、工作台进给运动电动机和冷却泵电动机，其性能指标见表 5.10。

表 5.10 电动机的性能指标

名　　称	主轴电动机	进给电动机	冷却泵电动机
型号	Y160M-4	Y90L-4	Y801-2
额定功率 P_N/kW	11	1.5	0.75
额定电压 U_N/V	380	380	380
额定电流 I_N/A	22.6	3.65	2.52
额定转数 n_N/(r/min)	1460	1400	2830
效率 η/%	88	79	77
$\cos\varphi$	0.84	0.79	0.86
I_{st}/I_N	7.0	6.5	7.0
T_{st}/T_N	2.2	2.2	2.2
T_{max}/T_N	2.2	2.2	2.2

二、加工工艺对控制电路的要求

（1）主轴电动机是铣床提供铣削加工的动力，有顺铣和逆铣两种，但常用的为顺铣，即要求电动机正转即可。为了加工前对刀的需要，主轴电动机应具有点动功能。

（2）主轴电动机采用能耗制动的方法，以保证制动的平稳和停车准确。

（3）工作台进给电动机拖动工作台左右运动，要求该电动机能正、反转。

（4）进给电动机只有在主轴电动机启动后方可启动，这样可以避免刀具的损坏，制动采取自由停车的方式。

（5）冷却泵电动机为直接启动、自由停车，但它必须在主轴电动机工作后方可启动。

（6）3 台电动机要有可靠的过载保护，主电路和控制电路都要有短路保护。

（7）为了对加工零件的观察，要安装一盏 36V 的照明灯。

（8）主电路为 380V 供电，控制电路也为 380V 供电，照明灯为 36V 供电，电源指示灯为 220V 供电。

三、课程设计任务

（1）设计铣床的电气原理图，并标有接线号。

（2）编制电气元件目录表，写明序号、名称、型号、文字符号、数量、用途及主要技术参数。

（3）根据审定后的原理图在通用实验箱上接线、试车。

（4）计算：

① 计算主轴电动机的绕组阻抗，并画出电压、电流的相量图。

② 若将主电动机的功率因数 $\cos\varphi$ 提高到 0.95，需在两机的每相绕组上并联多大的电容？

四、课程设计的收获与建议

5.11　中型车床的电气控制电路设计与计算

一、电动机的性能指标

C650 车床属于中型车床，它的主轴电动机为 30kW，采用直接启动的方式。为提高工作效率，该机床采用了反接制动。溜板箱快速移动的 2.2kW 进给电动机是为减轻工人劳动强度而设立的，其性能指标见表 5.11。

表 5.11　电动机的性能指标

名　称	主轴电动机	进给电动机	冷却泵电动机
型号	Y200L－4	Y100L－4	Y801－2
额定功率 P_N/kW	30	2.2	0.75
额定电压 U_N/V	380	380	380

名　称	主轴电动机	进给电动机	冷却泵电动机
型号	Y200L－4	Y100L－4	Y801－2
额定电流 I_N/A	56.8	5.03	1.81
额定转数 $n_N/(r/min)$	1470	1430	2830
效率 $\eta/\%$	92.2	81	75
$\cos\varphi$	0.87	0.82	0.84
I_{st}/I_N	7.0	7.0	7.0
T_{st}/T_N	2.0	2.2	2.2
T_{max}/T_N	2.2	2.2	2.2

二、加工工艺对控制电路的要求

（1）主轴电动机为直接启动、反接制动。

（2）为加工零件的需要，主轴电动机可以点动。

（3）溜板箱的快速移动由进给电动机拖动，正转向前、反转向后，由于短时工作所以为点动操作。

（4）溜板箱的前后极限位置要设有限位保护，避免出现事故。

（5）为显示加工负载的大小，主电路的一相通过电流互感器接有电流表。

（6）为避免启动电流过大烧毁电流表，启动时要将电流表短接，待启动结束后再将电流表串入。

（7）为观察零件的加工情况，应安装一盏 36V 的照明灯。

（8）冷却泵电动机要在主轴电动机启动后方可启动。

（9）主电路为380V 供给，控制电路也为380V 供电，照明灯为36V 供电，电源指示灯为220V 供电，因此要有控制变压器。

（10）电路要具有完备的短路和过载保护。

三、课程设计任务

（1）设计中型车床电气原理图，并标注接线号。

（2）编制电气元件目录表，写明序号、名称、型号、文字符号、数量、用途及主要技术参数。

（3）根据审定后的原理图在通用电气箱上接线、试车。

（4）计算：

① 计算出该机床若每天工作8h，1个月消耗的电能是多少？若每度电按0.5元计算，电费支出为多少？

② 若将主电动机的功率因数 $\cos\varphi$ 提高到0.95，电动机每相绕组两端要并联多大的电容？

四、课程设计的收获与建议

5.12 摇臂钻床的电气控制电路设计与计算

摇臂钻床是机械加工中常用的一种机床,它可以进行钻孔、镗孔、铰孔和攻螺纹。它的主轴旋转运动和进给运动由一台交流电动机拖动,它的正、反向旋转运动是通过机械的转换来实现的,所以主轴电动机只有一个转向。除主运动和进给运动外,还有摇臂的上升、下降和主轴、立柱的夹紧放松。摇臂的上升、下降由一台电动机拖动,主轴箱立柱的夹紧放松又由另一台电动机拖动,该电动机拖动一台液压泵,供给夹紧装置的压力油。另外还有一台冷却泵电动机对加工刀具进行冷却。

一、电动机的性能指标

电动机的性能指标见表 5.12。

表 5.12 电动机的性能指标

名　称	主轴电动机	升降电动机	液压泵电动机	冷却泵电动机
型号	Y132S－4	Y100L－4	Y90S－4	Y801－2
额定功率 P_N/kW	5.5	2.2	1.1	0.75
额定电压 U_N/V	380	380	380	380
额定电流 I_N/A	11.6	5.03	2.75	1.81
额定转数 n_N/(r/min)	1440	1430	1400	2830
效率 η/%	85.5	81	78	75
$\cos\varphi$	0.84	0.82	0.78	0.84
I_{st}/I_N	7.0	7.0	6.5	7.0
T_{st}/T_N	2.2	2.2	2.2	2.2
T_{max}/T_N	2.2	2.2	2.2	2.2

二、加工工艺对控制电路的要求

(1) 主电路为380V 供电,控制电路也为380V 供电,照明灯为36V 供电,信号线路为220V 供电,因此要有控制变压器。

(2) 主轴电动机为直接启动、自由停车。

(3) 摇臂升降电动机的正转为摇臂上升,反转为摇臂下降,它也为直接启动、自由停车。

(4) 液压泵电动机的正转为摇臂松开,反转为摇臂夹紧。松开与夹紧的标志是利用行程开关的触点通断来表示。常闭触点断开、常开触点闭合表示摇臂已松开。常闭触点闭合、常开触点断开表示摇臂为夹紧。

(5) 摇臂上升的动作程序:

按下上升启动按钮→液压泵电动机自动正转,摇臂松开至行程开关常闭触点断开,液压泵停转→摇臂上升到达预定位置后,松开上升按钮→摇臂停止上升→液压泵电动机自动反转使摇臂夹紧,到行程开关常闭触点闭合、常开触点打开时停止。

摇臂下降的操作程序与上升相似,即不管上升、下降都要先松开摇臂,到达预定位置后又将摇臂夹紧。

(6) 摇臂的上升与下降对应着摇臂电动机的正转与反转,两者都不能同时进行要有可靠的互锁。上升和下降都为点动不能自锁。

(7) 液压泵电动机对应摇臂的夹紧与放松,与摇臂升降电动机相同,要有可靠的互锁。

(8) 摇臂的上升与下降要设有极限位置保护,避免发生事故。

(9) 信号指示灯要设有电源、主轴电动机旋转、摇臂夹紧和松开的指示灯显示。

(10) 冷却泵电动机在主轴电动机工作后方可启动,因短时工作,可不设过载保护。

(11) 要备有可靠的短路与过载保护。

三、课程设计任务

(1) 设计摇臂钻床的电气原理图,并标有接线号。

(2) 编制电气元件目录表,写明序号、名称、型号、文字符号、数量、用途。

(3) 原理图经审查合格后,接线试车。

(4) 计算:

① 计算在加工时的电源线电流的大小、相位及阻抗。

② 若将主轴电动机的功率因数 $\cos\varphi$ 提高到 0.95,需在两电动机的每相绕组上并联多大的电容?

四、课程设计的收获与建议

5.13　卧式镗床的电气控制电路设计与计算

镗床是冷加工中使用比较普遍的设备,它分为卧式镗床和坐标镗床两种,以卧式镗床使用的为最多。镗床主要用于钻孔、镗孔、铰孔及加工端面等。镗床在加工时,工件固定在工作台上,由镗杆或花盘上的固定刀具进行加工。主运动为镗杆或花盘的旋转运动,进给运动为工作台的前、后、左、右及主轴箱的上、下和镗杆的进、出运动。它的主运动和8个方向的进给运动由一台电动机拖动,运动方向的改变由机械装置实现。8个方向的进给运动可自动,也可以手动或快速移动。

一、电动机的性能指标

卧式镗床的主运动和进给运动共用一台双速电动机拖动,低速时定子绕组接成三角形,高速时将定子绕组接成双星形。

除主电动机外还有快速移动电动机,其性能指标见表5.13。

表 5.13　电动机的性能指标

名　称	主轴电动机		进给电动机
型　号	Y132S2 – 2	Y132S – 4	Y100L – 4
额定功率 P_N/kW	7.5	5.5	2.2
额定电压 U_N/V	380	380	380
额定电流 I_N/A	15	11.6	5.03
额定转数 n_N/(r/min)	2900	1440	1430
效率 η/%	86.2	85.5	81
$\cos\varphi$	0.88	0.84	0.82
I_{st}/I_N	7.0	6.5	7.0
T_{st}/T_N	2.0	2.2	2.2
T_{max}/T_N	2.2	2.2	2.2

二、加工工艺对控制电路的要求

（1）主轴电动机为双速电动机,定子绕组为三角形接法时为低速,定子绕组为双星形接法时为高速。

（2）主轴电动机低速时可以直接启动,在高速时为限制启动电流要先接通低速,经延时转为高速。

（3）主轴电动机只有正转及正转的点动控制,不管低速、高速、正转及点动均为直接启动。

（4）主轴电动机采用反接制动的控制方式,这样可以大大减少制动时间。

（5）进给运动由机械手柄控制,当主轴电动机启动后通过机械转换,可分别控制各方向的进给运动。

（6）主轴箱、工作台或主轴的快速移动由进给电动机拖动,它也是通过机械手柄分别控制主轴箱的上、下,工作台的前、后、左、右,主轴的进、出 8 个方向的快速移动。

（7）电动机要有可靠的过载保护,线路要设有短路保护。

（8）为加工照明的需要,需安装一盏36V 照明灯。

三、课程设计任务

（1）设计卧式铣床电气原理图,并标注接线号。

（2）编制电气元件目录表,写明序号、名称、型号、文字符号、数量、用途及主要技术参数。

（3）原理图经审查合格后,接线试车。

（4）计算:

① 计算出正常工作时,线电流的大小和相位。

② 计算双速电动机高、低速时的定子绕组的阻抗。

四、课程设计的收获与建议

5.14 组合机床动力头顺序工作、同时退回的控制电路设计与计算

组合机床有两个或两个以上的主轴,可以同时或分别对零件加工,它的主轴常称为动力头。每个动力头都由单独的电动机拖动,对零件可以进行钻、铣、镗等工序的加工。动力头的移动由液压传动机构完成,它的行程大小由动力头移动的油缸的尺寸决定。

某一组合机床,它有两个动力头,两个动力头在加工前均处在原点位置,要求两个动力头顺序工作,当两个动力头均对零件加工完毕后,一起退回原位。

一、电动机的性能指标

该组合机床由 3 台电动机组成,一台为液压泵电动机,另外两台为动力头电动机,其性能指标见表 5.14。

表 5.14 电动机的性能指标

名 称	液压泵电动机	动力头 I 电动机	动力头 II 电动机
型 号	Y132M-4	Y160M-4	Y160M-4
额定功率 P_N/kW	7.5	11	11
额定电压 U_N/V	380	380	380
额定电流 I_N/A	15.4	22.6	22.6
额定转数 n_N/(r/min)	1440	1460	1460
效率 η/%	87	88	88
$\cos\varphi$	0.85	0.84	0.84
I_{st}/I_N	7.0	7.0	7.0
T_{st}/T_N	2.2	2.2	2.2
T_{max}/T_N	2.2	2.2	2.2

二、加工工艺对控制电路的要求

(1) 在加工前首先启动液压泵电动机,待油路压力正常后,压力继电器的常开触点闭合,方可启动动力头电动机。

(2) 动力头 I 电动机在油路压力正常后可以单独直接启动对零件加工,加工开始的位置在 ST_1 处,加工完毕的位置在 ST_2 处,加工完毕后自动停车。

(3) 动力头 II 电动机在动力头 I 电动机对零件加工完后自动启动,动力头 II 的原始位置在 ST_3 处,加工完毕的位置是 ST_4 处。

(4) 动力头 I 加工完毕后在原地等候,到动力头 II 也加工完毕后两动力头同时返回到各自的原位,完成一次加工程序。

(5) 两动力头只有正转,没有反转,均为直接启动、自由停车。

(6) 要设有动力头工作和运动的指示灯显示。

(7) 要有完备的过载保护与短路保护。

三、课程设计任务

（1）设计该组合机床的电气原理图，并标注接线号。

（2）编制电气元件目录表，写明序号、名称、型号、文字符号、数量、用途及主要技术参数。

（3）原理图经审查合格后，接线试车。

（4）计算：

① 不考虑机械损耗情况下的输入功率及工作8h的电费支出（每度电按0.5元计）。

② 将3台电动机的功率因数提高到0.95，需并联多大的电容？

四、课程设计的收获与建议

5.15 组合机床动力头同时工作、分别退回的控制电路设计与计算

动力头一般都用在组合机床中，它实际相当于一般机床的主轴，不过组合机床可以由两个或两个以上的主轴，常称为组合机床的动力头。每个动力头都由单独的电动机拖动，可以完成钻、铣、镗等工序的加工。动力头的移动由液压传动机构完成，它的行程大小由动力头移动的油缸尺寸决定。

某一组合机床有两个动力头，两个动力头在加工前均处在原点位置，要求两个动力头同时工作，工作结束后分别退回原位。

一、电动机的性能指标

该组合机床由一台液压泵电动机和两台动力头电动机组成，3台电动机的性能指标见表5.15。

表 5.15 电动机的性能指标

名　称	液压泵电动机	动力头 I 电动机	动力头 II 电动机
型　号	Y132S－4	Y132M－4	Y132M－4
额定功率 P_N/kW	5.5	7.5	7.5
额定电压 U_N/V	380	380	380
额定电流 I_N/A	11.6	15.4	15.4
额定转数 n_N/(r/min)	1440	1440	1440
效率 η/%	85.5	87	87
$\cos\varphi$	0.84	0.85	0.85
I_{st}/I_N	7.0	7.0	7.0
T_{st}/T_N	2.2	2.2	2.2
T_{max}/T_N	2.2	2.2	2.2

二、加工工艺对控制电路的要求

（1）在加工前首先启动液压泵电动机,待油路压力正常后,压力继电器的常开触点闭合,为启动动力头电动机做好准备。

（2）两动力头均为直接启动、自由停车。

（3）工艺上要求两个动力头同时启动对零件加工,加工开始的位置分别为 ST_1 和 ST_2 的位置,加工结束位置分别设在 ST_3 和 ST_4 的位置。

（4）动力头 I 加工完毕后马上退回原位 ST_1 处停止。

（5）动力头 II 待动力头 I 退回原位后再开始退回 ST_2 处停止。

（6）两个动力头只有一个转向(正转)。

（7）要设有动力头 I、动力头 II 的工作和运动指示灯。

（8）要有完备的过载保护与短路保护。

三、课程设计任务

（1）设计该组合机床的电气原理图,并标注接线号。

（2）编制电气元件目录表,写明序号、名称、型号、文字符号、数量、用途及主要技术参数。

（3）原理图经审查合格后,接线试车。

（4）计算:

① 不考虑机械转动损耗情况下,该组合机床所需的最大输入功率为多少?

② 将三台电动机的功率因数提高到 0.95,需并联多大的电容?

四、课程设计的收获与建议

5.16 星—三角降压启动的可编程控制器电路设计

一、继电器接触器控制的电气原理图

图 5.3 为星—三角降压启动控制电气原理图。

二、工作原理

在工作时绕组接成三角形的异步电动机,为了减小绕组在启动时的电流,经常采用星—三角降压启动的方式。启动时将电动机的三相绕组接成星形,经延时后,绕组改接成三角形。

按下启动按钮 SB_2,这时 KM_1 线圈、KM_3 线圈、KT_1 线圈同时通电,KM_1、KM_3 的主触点闭合绕组接成星形启动。时间继电器 KT 经延时(可编程控制器设定为 2s) KM_2 线圈得电,KM_2 的常闭触点断开,使 KM_3 线圈断电,中性点打开,KM_2 的主触点闭合,绕组改接成三角形,进入了正常运行。

正常运行后的时间继电器 KT 的作用已完成,为减少 KT 线圈的电能损耗,KM_2 的常

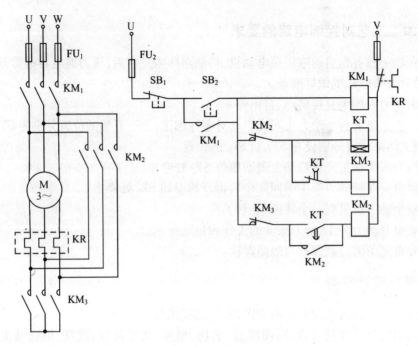

图5.3 星—三角降压启动控制电路

闭触点串在 KT、KM₃ 线圈的通电回路里,KM₂ 常闭触点断开,就使 KT 线圈断电。KT 线圈断电后,它的触点瞬时复位,为不使 KM₂ 线圈断电,要用 KM₂ 的辅助触点将 KM₂ 线圈自锁。

三、课程设计任务

(1) 设计用可编程控制器控制的外部接线图。

(2) 编制梯形图和指令语句表。

(3) 经审查合格后,接线通电试车。

四、课程设计的收获与建议

5.17 三相异步电动机用行程开关实现正、反转的可编程控制器电路设计

一、用行程开关实现异步电动机正、反转的电气原理图

图5.4是用行程开关实现异步电动机正、反转的电气原理图。

二、工作原理

用控制按钮可以控制异步电动机的正、反转,如果电动机拖动工作台向前(正转)、向后(反转)反复运动,用手操作按钮就很难判断前后换向的准确位置,如果判断失误就会

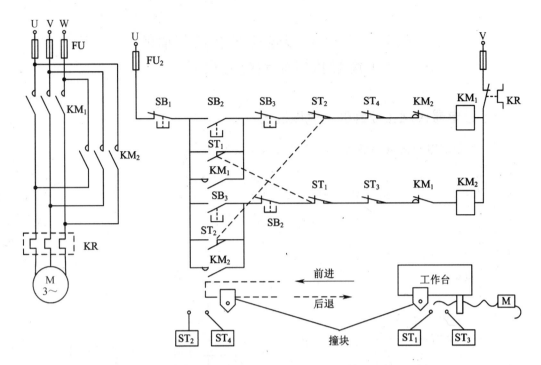

图 5.4　使用行程开关实现异步电动机正、反转的电气原理图

发生事故。因此,需要用与按钮作用相同的行程开关代替按钮的作用,前进方向安装换向行程开关 ST_2,前进的极限位置安装行程开关 ST_4。同理,后退方向安装 ST_1 和 ST_3。这就解决了异步电动机自动实现正、反转和极限位置保护的要求。

按下启动按钮 SB_2,接触器 KM_1 得电动作并自锁,电动机正转使工作台前进,当运动到 ST_2 位置时,撞块压下 ST_2,它的常闭触点使 KM_1 断电,它的常开触点使 KM_2 得电动作并自锁,电动机反转使工作台后退。当撞块又压下 ST_1 时,使 KM_2 又通电,电动机又正转,工作台前进。这样可以前进、后退往复运动。

如果在工作台前进到该压下 ST_2 时,电动机没有换向继续前进,它会压下 ST_4,ST_4 的常闭触点断开,KM_1 断电停止。同理,电动机反转没压下 ST_1 时没有换向会压下 ST_3,它的常闭触点断开,KM_2 断电停止,可避免事故的发生。ST_3、ST_4 的常闭触点称为限位保护行程开关。

这种用行程开关按照机床运动部件的位置所进行的控制称为行程控制。

三、课程设计任务

（1）根据继电—接触器的电气原理图设计出用可编程控制器控制的外部接线图。

（2）编制梯形图和指令语句表。

（3）经审查合格后,接线通电试车。

四、课程设计的收获与建议

5.18 三相异步电动机能耗制动的 可编程控制器电路设计

一、继电器接触器控制的电气原理图

图 5.5 是继电—接触器能耗制动的电气原理图。

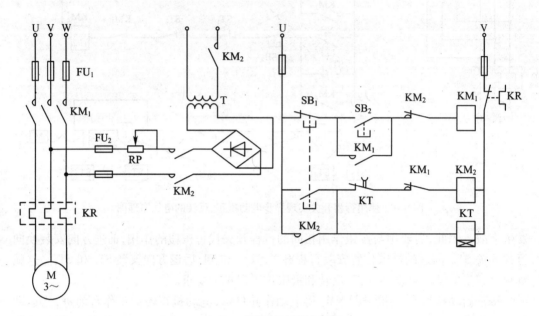

图 5.5 能耗制动控制电路

二、工作原理

按下按钮 SB_2，KM_1 线圈通电，电动机直接启动，进入工作状态。当要制动时，按下按钮 SB_1，KM_1 线圈断电，电动机定子绕组脱离电源，同时 SB_1 按钮的常开触点闭合使 KM_2 线圈通电并自锁，时间继电器 KT 线圈也通电。这时向定子绕组注入直流电，转子产生制动力矩，经延时(可编程控制器设定为 2s)，时间继电器的常闭触点延时断开，KM_2、KT 线圈断电，能耗制动结束。

三、课程设计任务

(1) 根据继电—接触器的电气原理图，设计出用可编程控制器控制的外部接线图。
(2) 编制梯形图和指令语句表。
(3) 经审查合格后，接线通电试车。

四、课程设计的收获与建议

108

5.19　三相异步电动机反接制动的
可编程控制器电路设计

一、继电—接触器控制的电气原理图

图5.6是继电—接触器反接制动的电气原理图。

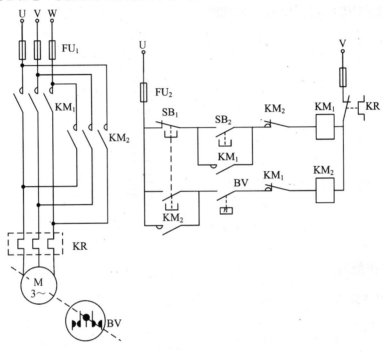

图5.6　反接制动控制电路

二、工作原理

按下按钮 SB_2，KM_1 线圈通电，电动机直接启动，进入工作状态。假设电动机这时为正转，由于速度继电器与电动机的转子轴或生产机械的某根主轴是同轴连接，所以这时速度继电器 BV 的常开触点已经闭合，为 KM2 线圈通电的反接制动做好准备。

当要制动时，按下停止按钮 SB_1，它的常闭触点断开了 KM_1 线圈的通电回路，它的常开触点接通了 KM_2 线圈的通电回路，电动机定子绕组的三相电源两相对调，产生反方向的旋转磁场，转子由工作时的正转转速迅速下降，当降至速度继电器的复位转速时，BV 的常开触点打开，使 KM_2 线圈断电，反接制动结束。

三、课程设计任务

（1）根据继电—接触器的电气原理图，设计出用可编程控制器控制的外部接线图。

（2）编制梯形图和指令语句表。

（3）经审查合格后，接线通电试车。

5.20 机床间歇润滑的可编程控制器电路设计

一、继电—接触器控制的电气原理图

图 5.7 是机床间歇润滑的电气原理图。

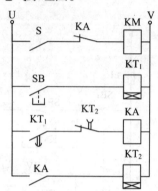

图 5.7　机床间歇润滑的电气原理图

二、工作原理

图 5.7 中 KM 为油泵电动机的交流接触器，KM 通电，油泵电动机工作进行机床润滑，KM 断电停止润滑。KT_1 和 KT_2 是两个时间继电器，KT_1 通电为润滑时间，在可编程控制器中设定为 10s。KT_2 通电为间歇时间，在可编程控制器中设定为 30s。KA 为中间继电器，它负责润滑和间歇的转换。S 为自动润滑开关，SB 为手动润滑按钮。

当 S 断开时，按下 SB，KM 就通电进行润滑，松开 SB 复位润滑停止。

当 S 闭合时，KM 线圈通电，KT_1 线圈通电，开始润滑，经延时 10s 以后，KT_1 的常开触点延时闭合，使中间继电器 KA、时间继电器 KT_2 线圈通电，KA 的常闭触点断开，KM 断电停止润滑，同时 KT_1 断电，KT_1 的常开触点瞬时断开。当 KT_2 延时时间为 30s，当达到间歇时间 30s 时，KT_2 的常闭触点延时断开，KA 断电，KT_2 断电，KA 的常开触点复位开始了下一轮的润滑、间歇过程。

三、课程设计任务

（1）根据继电—接触器的电气原理图，设计出用可编程控制器控制的外部接线图。
（2）编制梯形图和指令语句表。
（3）经审查合格后，接线通电试车。

四、课程设计的收获与建议

110

第六章　课程设计参考控制电路

6.1　异步电动机顺序启动、能耗制动参考控制电路

异步电动机顺序启动、能耗制动参考控制电路如图 6.1 所示。

一、主电路的直接启动与点动控制

合上空气开关 QC，U_1、V_1、W_1 线得电，控制电路电源从 U_1、V_1 线得到 380V 交流电压，若熔断器 FU_2 完好，且热继电器 KR_1 的常闭触点为闭合状态时，1、4 号线两端的输出也为交流电压 380V。

当启动主轴电动机 M_1 时，首先按下它的启动按钮 SB_2，则 KM_1 的线圈通过 1、3、5、7号线得电，接触器 KM_1 的主触点闭合主轴电动机定子绕组得电启动。KM_1 主触点闭合的同时，它的辅助触点（3，11）也闭合，将 KM_1 线圈自锁（此时若松开启动按钮，线圈仍保持得电状态），使主轴电动机 M_1 处于工作状态。

上面所描述的是主轴电动机自动工作状态，11 号与 5 号线的开关 S 处于闭合状态，如果进行点动控制时，将开关 S 扳到点动的位置（11 号与 5 号线断开），同样按下启动按钮 SB_2，虽然 KM_1 的主触点和辅助触点都闭合，但由于 S 的断开不能将 KM_1 线圈自锁，松开按钮 SB_2 时 KM_1 线圈断电。即按下 SB_2 时电动机转动，松开 SB_2 时电动机停止转动。

二、主轴电动机的能耗制动控制

按下停止按钮 SB_1，KM_1 线圈断电，它的主触点断开，主轴电动机 M_1 断电，KM_1 的辅助常闭触点（17，21）复位，这时 KM_2 线圈通过 1、13、15、17、21 号线与 4 号线而得电，KM_2的主触点闭合，将直流电通过 U_3、V_3 送入主轴电动机的定子绕组，产生制动力矩，电动机的转速迅速下降。在 KM_2 线圈得电的同时，时间继电器 KT 线圈也得电，KM_2 与 KT 线圈都通过 KM_2 的辅助常开触点 1 与 13 的闭合而自锁。当时间继电器 KT 的延时时间结束时，KT 的常闭触点（15，17）断开，KM_2、KT 的线圈断电，KM_2 的主触点断开，切断直流电源，KM_2 辅助常开触点断开，解除自锁，能耗制动结束。

三、冷却泵电动机的启动与停止控制

冷却泵电动机只有在主轴电动机工作后方可启动，所以在冷却泵电动机的启动电路中串上 KM_1 的常开辅助触点（1，23）。SB_4 是启动按钮，SB_3 为停止按钮，这是最简单的直接启动、自由停车电路。

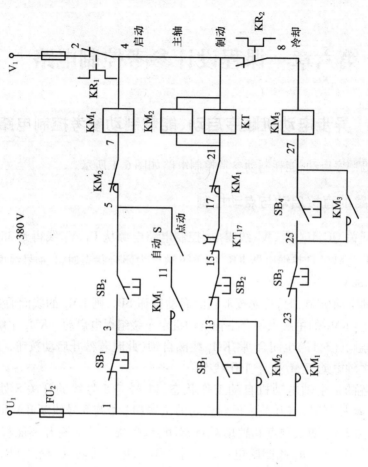

图 6.1 异步电动机顺序启动、能耗制动参考控制电路

四、需要说明的问题

1. 互锁环节的使用

KM₁ 是主轴电动机工作接触器，KM₂ 是能耗制动用接触器，两者绝不可以同时得电。因此，要实现可靠的互锁，在该电路中不仅使用了触点互锁，即利用 KM₂ 的常闭触点(5，7)串在 KM₁ 线圈的通电回路中，KM₁ 的常闭触点(17，21)串在 KM₂ 线圈的通电路中来实现。同时，还采用了按钮互锁，即利用启动按钮 SB₂ 的常开触点(3，5)与常闭触点(13，15)，停止按钮 SB₁ 的常闭触点(1，3)与常开触点(1，13)，它们是将各自的常闭触点串在对方线圈的通电回路中从而起到按钮互锁的作用。

2. 热继电器常闭触点位置的安放

热继电器 KR₁ 和 KR₂ 是为过载保护而设置的，当过载时，KR₁ 和 KR₂ 的常闭触点断开，切断整个或部分控制电路电源。当主轴电动机热继电器 KR₁(2，4)断开时，切断整个电源；而 KR₂(4，8)断开时可以不必切断整个电源，因为主轴电动机有时也在无冷却的情况下工作。

6.2 异步电动机顺序启动、反接制动参考控制电路

异步电动机顺序启动、反接制动参考控制电路如图 6.2 所示。

一、主轴电动机的启动与点动控制

合上空气开关 QC 后，U₁、V₁、W₁ 线得电，控制电路电源取自 U₁、V₁ 两线，若熔断器 FU₂ 完好，380V 交流电压就加到了 1、2 号线两端。

当启动电动机 M₁ 时，按下启动控制按钮 SB₂，则接触器 KM₁ 线圈得电，KM₁ 的主触点和辅助触点同时吸合，主触点吸合使主轴电动机启动旋转，辅助触点(3，11)吸合使 KM₁ 线圈自锁，这时松开 SB₂，电动机处于工作状态。

上面所描述的为主轴电动机自动工作状态，11 号与 5 号线的开关 S 处于闭合状态，如果进行点动控制时，将开关 S 扳到点动的位置(11 号与 5 号线断开)，同样按下启动按钮 SB₂，虽然 KM₁ 的主触点和辅助触点都闭合，但由于 S 的断开不能将 KM₁ 线圈自锁，松开按钮 SB₂ 时 KM₁ 线圈断电。即按下 SB₂ 时电动机转动，松开 SB₂ 时电动机停止转动。

二、主轴电动机的反接制动控制

反接制动就是在制动时要将定子绕组三相电源的任意两相对调，改变定子绕组的旋转磁场方向，产生制动力矩，使转子的转速迅速下降。但还必须保证在转子转速接近与零时，定子绕组脱离电源才能达到制动的目的；否则，电动机将会反转。能反映转子转速的只有速度继电器，所以反接制动必须使用速度继电器 BV 来实现。

当要使主轴反接制动时，按下停止按钮 SB₁，因 SB₁ 的常闭触点(1，3)断开，KM₁ 线圈失电，电动机 M₁ 的定子绕组也失电，但由于惯性，转子仍在旋转。由于转子与速度继电器同轴连接，BV 也具有转子的速度，它的常开触点(13，15)处于闭合状态，所以在按下

113

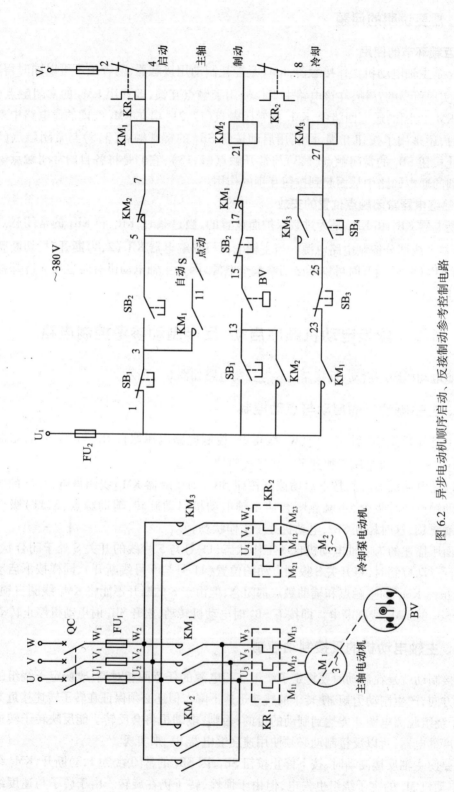

图 6.2 异步电动机顺序启动、反接制动参考控制电路

SB_1 时,SB_1 的常开触点(1,13)接通,BV 的常开触点(13,15)也接通;又由于 KM_1 已断电,KM_1 的常闭触点(17,21)复位,所以 KM_2 线圈得电,KM_2 的主触点将三相电源的 U_1、W_1 两相对调,从而产生制动力矩,转子的转速迅速下降。当转子的转速下降至 BV 的复位转速(100r/min)时,BV 的常开触点(13,15)断开,KM_2 线圈失电,定子绕组脱离三相电源,从 BV 的复位转速到转子停转的过程为自由停车。

三、冷却泵电动机的启动与停止控制

冷却泵电动机的启动一定要在主轴电动机启动后才能进行,所以在冷却泵电动机的启、停电路中串入 KM_1 的辅助常开触点(1,23)。SB_4 为启动按钮,SB_3 为停止按钮,这是最简单的直接启动控制电路。

四、需要说明的问题

1. 互锁环节的使用

KM_1 为电动机正常工作用的接触器,KM_2 为反接制动用接触器。若同时吸合会造成电源相间短路,因此必须进行互锁。在该电路中使用了两种互锁措施:一是触点互锁,利用 KM_1 和 KM_2 的常闭触点(17,21)与(5,7)将它们分别串接在对方线圈的通电回路中;二是按钮互锁,利用 SB_1 和 SB_2 的常闭触点(1,3)与(15,17),同样分别串接在 KM_1 和 KM_2 线圈的通电回路中。两种互锁措施保证了在任何情况下 KM_1 和 KM_2 都不会同时吸合,就消除了造成电源相间短路的可能性。

2. 热继电器触点位置的安放

过载保护是利用热继电器 KR 的常闭触点过载时触点断开电源来实现的。对于主轴电动机要过载时,冷却已无任何意义,所以 KR_1 的常闭触点(2,4)放置在上端,即 KR_1 的常闭触点(2,4)用来断开控制电路的电源。而 KR_2 的常闭触点(4,8)安放在冷却泵电动机的启、停电路上方,这是因为主轴电动机有时不需要冷却,所以它的过载不应影响主轴电动机的启动。

6.3 异步电动机顺序启动、统一停止参考控制电路

异步电动机顺序启动、统一停止参考控制电路如图6.3所示。

一、主轴电动机的启动、点动、停止控制

合上空气开关 QC 后,控制电路电源从 U_1、V_1 得电,若熔断器 FU_2 完好,且热继电器 KR_1 和 KR_2 没有过载时,控制电路电源的交流380V电压就接到了1号和8号线的两端。

1. 正、反转启动与停止控制

主轴电动机正、反转为直接启动、自由停止。启动正转时,按下启动按钮 SB_2,KM_1、KA_1 线圈得电,KM_1 的主触点闭合,主轴电动机 M_1 启动,KM_1 的辅助常开触点(5,47)闭合将 KM_1 线圈自锁。当要启动反转时,按下 SB_1 按钮,SB_1 的常闭触点(3,5)断开,KM_1、KA_1 线圈失电,KM_1 的常闭触点(15,17)复位。接下来由于 SB_1 的常开触点(13,15)已接

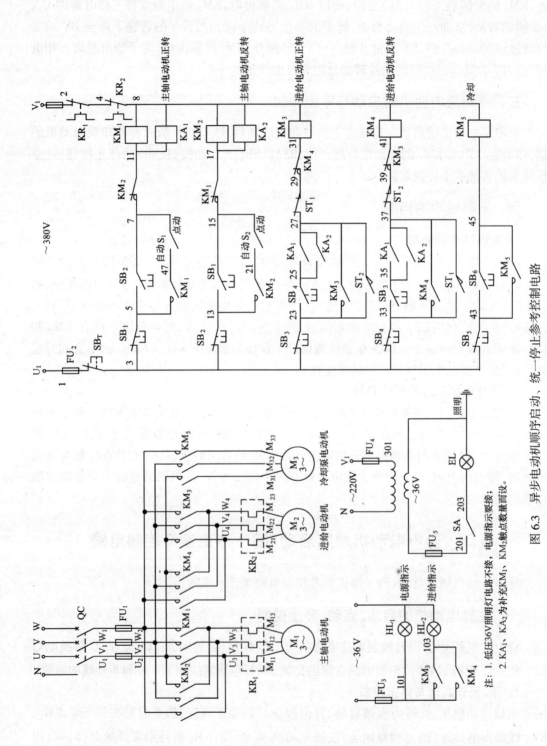

图 6.3 异步电动机顺序启动、统一停止参考控制电路

注：1. 低压36V照明灯电路不接，电源指示、电源指示要接；
　　2. KA_1、KA_2 为补充 KM_1、KM_2 触点数量而设。

116

通,所以 KM_2、KA_2 线圈得电,KM_2 的主触点将电动机 M_1 的 U_3 和 W_3 相对调,产生反方向的旋转磁场,电动机反转。

这里的 KA_1 和 KA_2 中间继电器是为了补充 KM_1 与 KM_2 的常开辅助触点数量不足而加上的。

2. 正、反转的点动控制

上面所描述的为主电动机正转与反转时的自动工作状态,这时开关 S_1(47,7)、开关 S_2(21,15)处于闭合状态。如果进行点动控制时,将开关 S_1 和 S_2 扳到点动位置,即两开关都处于开路状态。这是仍按下 SB_2(正转)或 SB_1(反转)按钮,虽然相应的接触器主触点和辅助触点都闭合,但不能将相应的线圈自锁,按下按钮时电动机转动,松开按钮时电动机停止。

二、进给电动机的启动、正/反转及自动换向控制

1. 进给电动机的启动、正/反转控制

进给电动机的启动必须在主轴电动机启动后进行,所以在进给电动机正转电路中串接主轴电动机正转启动后的标记 KM_1 的常开触点,这里由于 KM_1 只有两个辅助常开触点不够用,并联中间继电器 KA_1 后,就可以用 KA_1 的常开触点(25,27)代替,同时还要考虑到主轴电动机反转时也允许进给电动机正转,所以在 KA_1(25,27)两端要并上主轴电动机反转时的标志 KM_2,同理,用 KA_2 的常开触点(25,27)来替代。当 KA_1 或 KA_2 的常开触点(25,27)闭合后,按下 SB_4 按钮 KM_3 线圈得电,KM_3 的主触点闭合接通进给电动机正转,KM_3 的辅助触点(23,27)闭合,将 KM_3 线圈自锁。

进给电动机反转的动作过程与正转相似,但这时要按下 SB_3,当然也必须在主轴电动机正转或反转后方可进行,这里用 KA_1(35,37)或 KA_2(35,37)触点的并联来表示。

进给电动机停止时也要按下总停按钮 SB_T,实际上进给电动机和主轴电动机都应有自己的停止按钮,因为试验箱的按钮数不够,只好使用一个总停按钮。

2. 进给电动机的自动换向控制

进给电动机换向可以通过行程开关实现自动控制,以达到拖动工作台的自动前后往复运动。行程开关与按钮的工作原理相同,只是按钮的控制是用手按下,行程开关要靠固定在工作台上的挡铁来控制,将挡铁安放在需要换向的位置,而行程开关固定在机床的床鞍上,当工作台运动到该换向的位置时,挡铁压下了行程开关,作用相当于手按下按钮一样。

假如进给电动机正转拖动工作台向前运动,当运动到由前进转为退后位置时,挡铁压下行程开关 ST_1,这时 ST_1 的常闭触点(27,29)断开停止正转,而 ST_1 的常开触点(33,37)闭合,KM_4 线圈得电,电动机开始反转,拖动工作台向后运动。这里 ST_1 常开触点(33,37)的作用与按钮的作用完全相同。当运动到需拖动工作台向前运动时,就利用 ST_2 的常闭触点(37,39)断开,停止向后运动,ST_2 的常开触点(23,27)接通,KM_3 线圈得电,电动机自动正转,拖动工作台向前运动。

三、冷却泵电动机的启、停控制

冷却泵电动机的启动按钮 SB_6,停止按钮为 SB_5,这是最简单的直接启动、自由停车的

控制方法。

四、需说明的几个问题

1. 互锁环节的使用

主轴电动机和进给电动机的正转与反转都必须互锁,即同一时刻只能有一个转向。假如正转与反转的接触器都吸合就会造成电源的相间短路。在该控制电路中,主轴电动机与进给电动机采用同一种最典型可靠的互锁方式,即采用触点和按钮联合互锁,以增加互锁的可靠性。虽然只有触点或按钮互锁原理上是可行的,但实践中证明都存在一定的问题,所以需同时采用两种互锁方式。

下面以主轴电动机两种互锁为例说明其工作原理。当主轴电动机正转时 KM_1 得电,将 KM_1 的常闭触点(15,17)串接在 KM_2 线圈得电的回路中,即保证若 KM_1 得电,KM_2 线圈没有得电的可能性,反之亦然。让 KM_2 的常闭触点(7,11)串接在 KM_1 线圈的得电回路中,若 KM_2 线圈得电,KM_1 的线圈就没有得电的可能性。这就是触点互锁。按钮互锁的原理:当按下主轴电动机正转启动按钮 SB_2 时,SB_2 触点的动作过程一定是 SB_2 的常闭触点(3,13)先断开切断主轴电动机反转电路,也就是 KM_2 线圈的通电回路,KM_2 的常闭触点(7,11)复位,然后随着 SB_2 常开触点(5,7)的闭合接通了主轴电动机正转接触器 KM_1,电动机正转。主轴电动机反转的动作过程与正转的动作过程完全相同,也是靠反转启动按钮 SB_1 的常闭触点(3,5)断开正转电路,SB_1 的常开触点(13,15)接通电动机反转接触器 KM_2,实现电动机的反转。触点互锁可理解为"势不两立",而按钮互锁理解为"损人利己"来加深记忆。几乎所有的控制电路都要有互锁的要求,以上的互锁方式是电路中最基本的、最典型的环节。

2. 顺序启动、统一停止环节

顺序启动、统一停止环节的意思是:启动的顺序首先是主轴电动机,主轴电动机启动后才可以启动进给电动机。它是靠在进给电动机正、反转的启动线路中都串有 KA_1 或 KA_2 的常开触点来实现,也就是说只有标志主轴电动机工作的 KA_1 或 KA_2 常开触点闭合后,才为进给电动机的启动创造了条件。而停止是没有顺序要求的,即可以先停主轴电动机,也可以先停进给电动机,互不影响。该电路就是为实现这一思路而设计的,把作为主轴电动机工作标志的 KA_1、KA_2 触点安放在自锁回路的内部就可以实现。主轴电动机停止时 KA_1 或 KA_2 的常开触点复位,但不影响进给电动机的工作,否则,主轴电动机停止,进给电动机也因 KA_1 或 KA_2 触点的复位而停止。由于试验箱的按钮数量不够,该电路实际为顺序启动、统一停止的控制方式。

3. 电动机的自动换向控制

要实现电动机拖动工作台前后运动就需要电动机自动换向,而电动机自动换向必须用行程开关来实现,该控制电路就是利用 ST_1 和 ST_2 自动改变运动的方向。

需要说明的是,凡是电动机拖动工作台,往复运动的生产机械不仅需要用行程开关自动改变运动的方向,还需要在每一运动方向上安装极限位置保护用行程开关(常称为限位开关)。该行程开关安放在换向行程开关的后面,正常情况下该开关不动作,当换向开关失灵时,工作台将在原方向上继续运动,这时换向挡铁将极限位开关压下,但这时不执行换向动作,而是使电动机的电源断开,工作台停止运动,以防止工作台滑出床鞍造成设备或人身事故。

下面提出两个思考问题：

（1）如果安装限位开关，应放在电路中什么位置才能保证电路故障处理完毕时，工作台可退回到正常工作位置

（2）如果挡铁压动了限位开关但工作台仍没有停止还继续运动，应采取什么措施避免事故发生

4. 显示电路与照明电路

通用试验箱中指示灯电压为36V，所以要从控制变压器 T 的二次侧取出交流36V 电压。进给工作指示用进给电动机正转接触器 KM_3 或电动机反转接触器 KM_4 的常开触点闭合来表示。

机床上都安装36V 的低压照明设备，36V 也从控制变压器 T 的二次侧中引出。低压照明主要是采用36V 的安全电压，避免操作者发生触电事故。

6.4 异步电动机顺序启动、顺序停止参考控制电路

异步电动机顺序启动、顺序停止参考控制电路如图6.4所示。

一、主轴电动机的启动与点动控制

主轴电动机为直接启动，当合上空气开关 QC 后，三相电源 U_1、V_1、W_1 得电，控制电路 U_1、V_1 两端为380V 交流电压。若 FU_2 熔断器完好，热继电器 KR_1 的常闭触点（2,4）没有动作。接线号 1 与 4 两端为380V 交流电压。

启动主轴电动机时，按下 SB_2（3,5）按钮，KM_1 线圈得电，则 KM_1 的主触点和辅助常开触点（3,11）同时闭合，主轴电动机直接启动，KM_1 的触点（3,11）将 KM_1 线圈自锁，完成了主轴电动机的启动。

上面所描述的为主轴电动机启动是在自动与点动的选择开关 S 扳在自动位置时的情况，即11,5 号线接通。当点动时，将开关 S 扳到点动的位置（11,5 号线断开），同样按下 SB_2 按钮，KM_1 线圈得电，但不会自锁，按一下 SB_2 按钮，主轴电动机转动一下，松开 SB_2 按钮，主轴电动机停止转动。

二、主轴电动机的能耗制动控制

能耗制动是在电动机三相绕组断开电源后，向定子三相绕组中的任意两相注入直流电，这时转子在制动力矩的作用下，转速迅速下降并停止。

直流电源通过变压器变压，并经整流后获得。其工作工程：当要使主轴电动机停止时，按下控制按钮 SB_1，SB_1 的常闭触点（1,3）断开，KM_1 线圈失电，SB_1 的常开触点（1,13）闭合使 KM_2、KT 的线圈得电，KM_2 的主触点闭合将直流电流注入 M_{11} 与 M_{12} 相绕组，转子的转速下降，KM_2 的常开辅助触点（1,13）闭合，将 KM_2、KT 线圈自锁。经过一定的时间，时间继电器的常闭触点（13、15）延时断开，使 KM_2、KT 线圈失电，制动过程结束。所以时间继电器的作用是为了控制能耗制动的时间而设置的。当然也可以不使用时间继电器，用按钮控制制动时间。

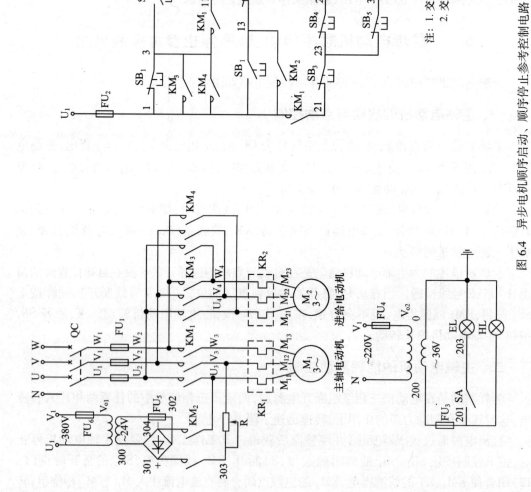

图 6.4 异步电机顺序启动、顺序停止参考控制电路

注：1. 交流36V照明灯电路不接，电源指示接；
2. 交流24V电压由控制变压器得到。

三、进给电动机的正、反转控制

进给电动机必须在主轴电动机工作后才能启动。这里使用了主轴电动机工作标志 KM_1 的辅助常开触点(1,21)来实现顺序动作的要求。进给电动机正转时按下 SB_5 按钮，SB_5 的常开触点(25,27)闭合，使 KM_3 得电并自锁，进给电动机正转。电动机反转时按下按钮 SB_4，SB_4 的常开触点(31,33)闭合，KM_4 线圈得电并自锁，电动机反转，按下 SB_3 按钮，SB_3 的常闭触点(21,23)断开，进给电动机停止转动。

上面所叙述的只是进给电动机正、反转的操作过程，实际上线路的设计首先必须考虑到它的安全可靠，假如一旦出现 KM_3、KM_4 接触器同时吸合，从主电路中就会发现，将造成电源相间短路，这是严重的事故。因此必须做到在任何情况下都不能同时吸合，即要求互锁，保证同时只能由一个接触器 KM_3 或 KM_4 工作。这可以采用两种互锁的办法来保证。在 KM_3 线圈电路中串接 KM_4 的常闭触点(27,29)，它的作用是在 KM_4 没有吸合时，KM_4 的常闭触点(27,29)是闭合的，才允许 KM_3 线圈通电；反之，KM_3 线圈就不能通电。同理，在 KM_4 的线圈通电回路中也串入了 KM_3 的常闭触点(33,35)。这种互锁的方法叫做"触点互锁"，也可以形象地比喻为"势不两立"。第二种互锁的方法是在电动机正转通电回路中串接反转启动按钮 SB_4 的常闭触点(23,25)，在电动机反转的通电回路中串入正转启动按钮 SB_5 的常闭触点(23,31)。它的互锁原理：不管进给电动机是否工作，也不管它是正转还是反转，只要按下正转启动按钮，电动机一定正转，而按下反转按钮，电动机一定反转。例如，按下正转启动按钮 SB_5(25,27)，按钮 SB_5 按下的动作过程一定是它的常闭触点(23,31)先断开，接下去才是它的常开触点(25,27)闭合。当(23,31)断开时，KM_4 线圈断电，它的常闭触点(27,29)复位闭合，接下去 SB_5 的常开触点(25,27)接通，KM_3 线圈就要通电，电动机正转。所以按下启动按钮的过程是先破坏对方的通电回路，为自己通电做准备，这种为实现自己目的而先破坏对方的方法可形象的比喻为"损人利己"。按下反转启动按钮 SB_4 的动作过程与正转相同，读者可自行分析。综上所述，只要有互锁要求的一定采用两种互锁措施，即触点互锁和按钮互锁，缺一不可，其原因不再赘述。

四、顺序启动、顺序停止控制

主轴电动机工作后才允许进给电动机工作，这是顺序启动。顺序停止是，进给电动机停止后才允许主轴电动机停止。该电路是这样实现的：用 KM_1 的辅助常开触点(1,21)实现顺序启动，用 KM_3、KM_4 的两个常开触点(1,3)来实现顺序停止。工作原理：当主轴电动机和进给电动机都工作后，顺序启动的 KM_1 常开触点(1,21)与顺序停止 KM_3、KM_4 的常开辅助触点(1,3)都处于闭合状态。这时按下主轴电动机的停止按钮 SB_1(1,3)，不能使 KM_1 线圈断电，因为被 KM_3、KM_4 的触点(1,3)触点短路，SB_1 按钮失效，只有按下进给电动机停止按钮 SB_3(21,23)使 KM_3 或 KM_4 线圈断电，进给电动机先停止。这时 SB_1 的短路被解除，它的作用被恢复。再按下 SB_1，主轴电动机才会停止转动。

6.5 异步电动机定子串接电阻启动参考控制电路

异步电动机定子串电阻(启动参考控制)电路如图6.5所示。

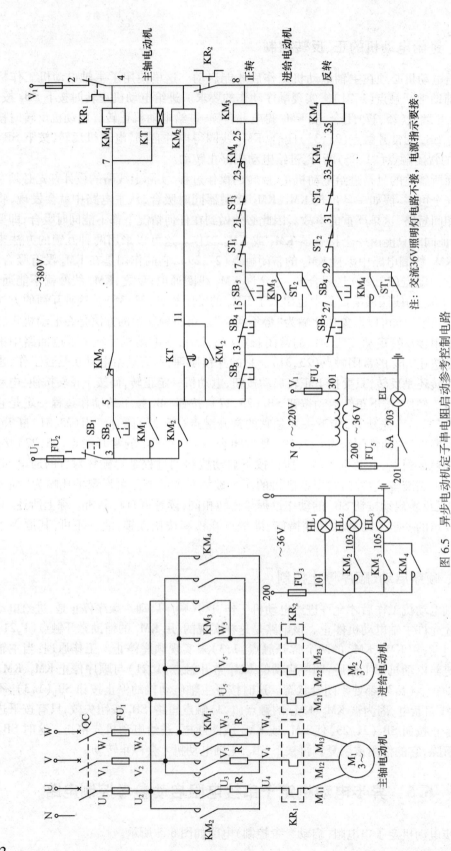

注：交流36V照明灯电路不接，电源指示要接。

图 6.5 异步电动机定子串电阻启动参考控制电路

122

一、主轴电动机的启动与停止

主轴电动机采用定子串电阻的降压启动方式。启动时首先接触器 KM_1 通电吸合,电阻 R 串联在定子电路中降压启动,经延时,接触器 KM_2 通电吸合,将电阻短接,电动机满电压运行。KM_2 通电后 KM_1 断电,启动结束。电路的工作过程:首先合上空气开关 QC,将 U、V、W 三相电源引入,控制电路从 U_1、V_1 引出 380V 交流电源,若 FU_2 熔断器完好,热继电器 KR_1 没有过载,380V 加到 1 号与 2 号接线的两端。这时按下主轴电动机的启动按钮 SB_2,它的常开触点(3,5)闭合,KM_1、KT 线圈通电,KM_1 的主触点吸合,串入电阻降压启动,KM_1 的常开辅助触点也同时吸合,将 KM_1 的线圈自锁。经延时,时间继电器 KT 的常开触点(5,11)延时闭合,KM_2 线圈得电,KM_2 的主触点闭合将电阻短接,定子绕组为满电压运行。因为 KM_2 线圈的通电,它的常闭触点(5,7)断开,KM_1 线圈失电,启动过程结束。

二、进给电动机的正、反转,自动换向与极限位置保护的控制

1. 进给电动机的正、反转控制

进给电动机的正转带动工作台向前运动,电动机的反转带动工作台向后运动。进给电动机从正转变为反转是靠改变进给电动机定子绕组三相电源的任意两相电源的相序来实现的。正转时的相序为 U_2、V_2、W_2,反转时的相序为 W_2、V_2、U_2,所以必须用两个接触器 KM_3、KM_4 才能完成。

从主电路中可以看出,任何情况下都不允许 KM_3 与 KM_4 同时通电吸合,否则将造成电源的相间短路。所以电路设计必须使 KM_3 与 KM_4 互锁,即同时只允许一个接触器工作。互锁措施有触点互锁和按钮互锁两种。下面分析触点互锁:在正转接触器 KM_3 线圈的通电回路中串接反转接触器 KM_4 的辅助常闭触点(23,25),在反转接触器 KM_4 的线圈通电回路中串接正转接触器 KM_3 的辅助常闭触点(33,35)。这就是说,如果电动机正转 KM_3 线圈通电,那么在反转回路中的 KM_3 辅助常闭触点(33,35)一定断开,电动机不可能反转;反之亦然。这就是触点互锁,触点互锁可形象的比喻为"势不两立",便于深刻理解和记忆。

第二个互锁措施为按钮互锁。当要进给电动机正转时,要按下启动按钮 SB_5,SB_5 得动作过程一定是它的常闭触点(13,27)先断开,切断 KM_4 线圈的通电回路,接下来才是 SB_5 的常开触点(15,17)闭合,接通正转 KM_3 线圈的通电回路,即先破坏对方通电回路,接下来达到自己通电的目的。当要进给电动机反转时,要按下反转启动按钮 SB_4,也是常闭触点(13,15)先断开,以切断 KM_3 线圈的通电回路,接下来 SB_4 的常开触点(27,29)闭合,接通 KM_4 线圈的通电回路。所以按钮互锁可形象比喻为"损人利己"较为贴切。有了这两种互锁措施,电动机就可以安全可靠地实现正、反转。当要停止时,按下 SB_3 按钮,它的常闭触点(5,13)断开,KM_3、KM_4 线圈的通电回路全部切断。

2. 进给电动机的自动换向控制

进给电动机拖动工作台前后运动,当开始工作时用按钮控制电动机的正转或反转,在运行中电动机要不停地进行换向以实现工作台前后的往复运动。在电动机需要换向的时就不能用按钮控制,因为这样会增加操作工人的负担,而且还容易出现事故。那么如何实现到该换向的位置进给电动机换向呢?要采用和按钮具有相同功能的行程开关来代替。

将行程开关固定在床鞍需要换向的位置上,工作台上安装固定的挡铁,挡铁也随着工作台前后运动,到该换向的位置,挡铁就压动行程开关,相当于按下按钮来实现自动换向。在电路中正转启动按钮 SB_5 的常开触点(15,17),两端并联行程开关 ST_2 的常开触点(15,17),显然和 SB_5 的作用完全相同,ST_2 的常闭触点(29,31)串接在电动机反转的通电回路中进行互锁,显然也相当于按钮互锁。同理,在反转启动按钮 SB_4 的常开触点(27,29)两端并联行程开关 ST_1 的常开触点,它的常闭触点(17,21)串接在正转的通电回路中进行互锁,这样就用行程开关 ST_1 和 ST_2 代替了按钮 SB_4 和 SB_5 的作用,自动实现进给电动机的自动换向。

3. 进给电动机的极限位置保护

进给电动机拖动工作台在行程开关的控制下,可以实现电动机自动换向进行前后的往复运动。但在行程开关出现故障时,到该换向位置没有正常换向,工作台还要继续沿原来的方向运动,工作台很容易从床鞍上滑脱,显然这是不允许的,所以设计电路时要考虑到这种情况的发生,必须要增加极限位置保护措施。这一措施是在正转的通电回路中增加 ST_3 的常闭触点(21,23),在反转的通电回路中增加 ST_4 的常闭触点(31,33),这两个行程开关分别安装在 ST_1 和 ST_2 的前边一点的位置上,只要挡铁压倒这两个行程开关,它的常闭触点断开,电动机就停转,工作台停止运动,避免事故的发生。当查明原因修复后,可以启动反方向运动的按钮令其工作台退回。

SB_1(1,3)为总停按钮,SB_3(5,13)为进给停止按钮。

6.6 异步电动机星—三角启动、反接制动参考控制电路

异步电动机星—三角启动、反接制动参考控制电路如图 6.6 所示。

一、主轴电动机的启动控制

为减小启动电流,本电路采用星—三角降压启动的方式。启动开始时将电动机的三相定子绕组接成星形,每相绕组承受 220V 交流电压,经延时将绕组换接成三角形,每相绕组承受电压 380V。

在主电路中可以看出,接触器 KM_1 负责将三相电源引入到定子绕组,当 KM_3 触点闭合时绕组接成星形;KM_3 触点断开,KM_2 触点闭合时,绕组接成三角形。所以星—三角的启动过程是在启动时先使 KM_1、KT、KM_3 线圈通电,经延时后 KM_3 线圈断电,KM_2 通电,星—三角启动结束。

电路的工作原理:合上空气开关 QC,U_1、V_1、W_1 得电,如果 FU_2 熔断器完好,热继电器 KR_1 的常闭触点没有断开,控制电路的 1 与 2 两端的交流为 380V。当启动主轴电动机时,按下控制按钮 SB_2,SB_2 的常开触点(3,5)闭合,KM_1、KT、KM_3 线圈得电,KM_1 的主触点闭合,将三相电源引入到定子绕组,KM_3 的主触点闭合将三相绕组接成星形启动。同时 KM_1 的辅助常开触点(3,5)也同时闭合,将 KM_1 线圈自锁。经延时,KT 的常闭触点(7,11)断开,KM_3 断电;同时,KT 的常开触点(13,15)闭合,使 KM_2 线圈得电,绕组变为三角形接法,满电压 380V 运行。KM_2 和 KM_3 要互锁,同时吸合会造成电源间相间短路,KM_2 的常闭触点(5,7),KM_3 的常闭触点(5,13)就是触点互锁作用。

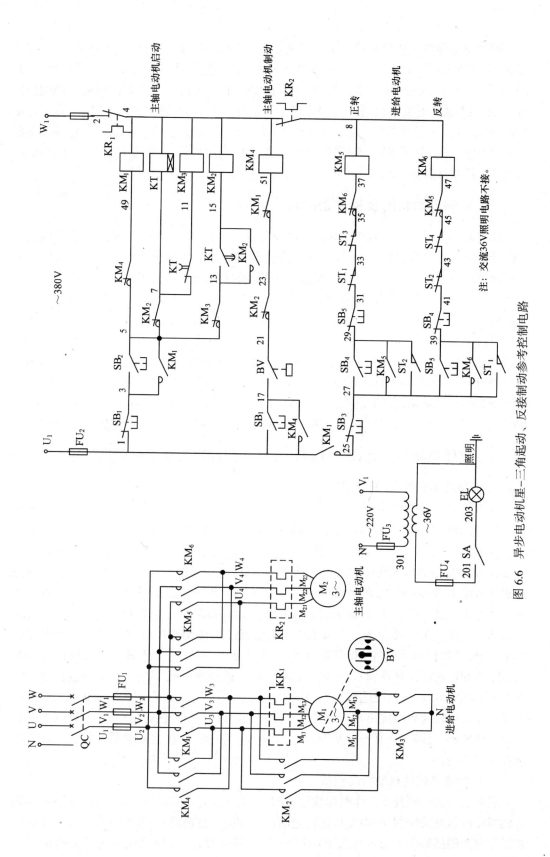

图 6.6 异步电动机星—三角起动、反接制动参考控制电路

125

时间继电器的作用就是进行星—三角换接,启动结束后,它的作用就完成了,所以不能让 KT 线圈总处于通电状态,这样会白白浪费电能。这里采用了用 KM_2 的常闭触点(5,7)去断开 KT 线圈的通电回路,同时也断开了 KM_3 的通电回路。由于时间继电器线圈断电,它的触点要瞬时复位,也就是说 KT 的常开触点(13,15)要瞬时断开,它的断开就是使 KM_2 线圈失电,又回到星形接法。为不使 KT 触点的复位造成 KM_2 线圈的失电,在 KT 的(13,15)的两端并联了 KM_2 常开辅助触点,使 KM_2 线圈自锁,也就是说只要 KM_2 线圈一通电,KT 的常开触点(13,15)就失效了。

二、主轴电动机的反接制动控制

反接制动就是在制动时将三相定子绕组任意两相的相序对调,瞬时产生反方向的旋转磁场,形成制动力矩使转子速度迅速下降直至停车。反接制动必须使用能反映转速变化的速度继电器 BV,它要与电动机轴或某一传动轴同轴连接。工作时速度继电器 BV 的常开触点(17,21)是闭合的,为反接制动做好准备。反接制动时,当转子转速降至 BV 的复位转速时,BV 的常开触点(17,21)自动断开,切断电源。

反接制动要将三相电源的任意两相对调,所以要设置反接制动接触器 KM_4。其工作过程:当要反接制动时,按下停止按钮 SB_1,SB_1 的常开触点(1,17)闭合,而 SB_1 的常闭触点(1,3)断开。又因 BV 的常开触点(17,21)在工作时以闭合,接触器 KM_4 的线圈得电,定子绕组的相序对调,开始反接制动。转子的速度下降至 BV 的复位速度 100r/min 时,BV 的常开触点(17,21)自动断开,KM_4 线圈断电,转子在 100r/min 速度以下自由停车。

三、进给电动机的正、反转控制,自动换向控制与极限位置保护控制

1. 进给电动机的正、反转控制

进给电动机正转时,定子绕组的相序为 U、V、W,反转时的相序为 W、V、U。KM_5 为正转接触器,KM_6 为反转接触器。正、反转必须具有可靠的互锁,KM_5 与 KM_6 同时吸合就会造成电源相间短路。采用两种互锁措施来保证工作安全:一是触点互锁,在进给电动机正转接触器 KM_5 的通电电路中串入反转接触器 KM_6 的常闭触点(35,37),同样,KM_6 线圈的通电回路中串入 KM_5 的常闭触点(45,47),这两个常闭触点就保证了同时只能有一个电路在工作。也就是说,KM_5 吸合时,它的常闭触点(45,47)一定断开,KM_6 不能工作,反之亦然。二是按钮互锁,正转的启动按钮 SB_4 在按下时的动作过程:SB_4 的常闭触点(39,41)断开先使反转启动电路中的接触器 KM_6 线圈断电,KM_6 的常闭触点(35,37)复位,接下去才是 SB_4 的常开触点(27,29)闭合,接通 KM_5 的线圈。按下按钮的动作过程可以理解为先破坏对方,后使自己达到目的,比喻为"损人利己"。按下反转启动按钮 SB_5 时的情况与按下正转的启动按钮 SB_4 的过程一样。采用以上两种互锁措施就可以保证电动机安全可靠地正、反转。只有一种互锁,理论上也是可以的,但在实践中是不行的。其原因读者自行分析。

2. 进给电动机的自动换向控制

进给电动机在刚开始工作时用按钮控制,它拖动工作台向前或向后运动,当需要换向时就需要行程开关控制,在电动机正转向前运动到要改变电动机转向向后运动时,让固定在工作台上的挡铁压下固定床鞍上的行程开关 ST_1(27,39),如同用手按下反转按钮一

样,同理,工作台从向后运动转为向前运动时,挡铁压下行程开关 $ST_2(27,29)$ 后,可见行程开关 ST_1 的常开触点 $(27,39)$ 与正转启动按钮 SB_5 的常开触点 $(27,29)$ 并联在一起,它们的作用完全相同。行程开关 ST_2 的常开触点 $(27,29)$ 与正转启动按钮 SB_4 也并联在一起,所以自动换向的行程开关代替了手动换向的按钮。从互锁的角度来看也是一样的,ST_1 的常闭触点 $(31,33)$ 串接在 KM_5 线圈的通电回路中,ST_2 的常闭触点 $(41,43)$ 串接在 KM_6 线圈的通电回路中,和按钮的互锁方式是完全相同的。

3. 极限位置保护控制

为避免意外事故发生,如行程开关 ST_1 或 ST_2 的失灵而不能正常换向,会导致工作台滑出床鞍的事故出现,所以,要在换向位置前边安装向前和向后的限位开关 $ST_3(33,35)$ 和 $ST_4(43,45)$,这两个行程开关只用它的常闭触点,当压下行程开关 $ST_3(33,35)$ 时,切断正转接触器 KM_5 的线圈的通电回路,令其停止。压下行程开关 $ST_4(43,45)$ 时,切断反转接触器 KM_6 线圈的通电回路,令其停止。查明事故原因后,通过按钮使工作台退回到合适的位置。

6.7 三程序自动顺序工作参考控制电路

三程序自动顺序工作的电路应用于液压传动工作台的生产机械(图6.7)。液压传动的优点是速度可调,运行平稳,又不用价格较贵的直流电动机和变速机构。

它有两台电动机,主轴电动机装卡刀具,液压电动机通过液压泵提供传动的压力油。还应有液压传动系统,担负着工作台进给速度的改变和换向。

一、液压泵电动机和主轴电动机的启、停控制

液压泵电动机是最简单的直接启动、自动停车的控制方式。$SB_2(3,5)$ 是启动按钮,$SB_1(1,3)$ 是停止按钮。液压传动的生产机械都配有压力继电器,当油路的压力正常时,压力继电器 BP 的常开触点 $(1,7)$ 闭合,才能为主轴电动机启动及进给控制电路提供电源。应该指出的是,从液压电动机启动到 BP 触点的闭合需要 $3min \sim 5min$ 的时间,而且随室温的变化,时间也要变化,室温高,则 BP 触点动作快,室温低,则 BP 触点动作慢。

当压力正常后,BP 的触点 $(1,7)$ 闭合后,按下 $SB_4(11,13)$ 按钮,主轴电动机启动,按下 $SB_3(7,11)$,主轴电动机停止。

二、工作台进给运动的控制

工作台进给运动有快速进给、工作进给、快速返回三个程序。快速进给是指加工开始前,工件远离刀具,属于空行程,要求快速驱进到工件附近,这是第一程序。当工件接近刀具时,要把进给速度降低,对工件进行加工,这是第二程序。当工件加工完毕,要工作台迅速返回到起点位置,这是第三程序。每一种进给速度的变化是由中间继电器的触点控制电磁阀线圈的通断来实现的。

液压传动的生产机械很容易实现自动化,该电路通过行程开关的配合,按下启动按钮,工作台从原点出发,自动完成三个程序后回到原点。在工作过程中,各程序之间要有互锁,同时只能一个程序工作。这里采用了上一个程序工作为下一个程序做好准备,下一

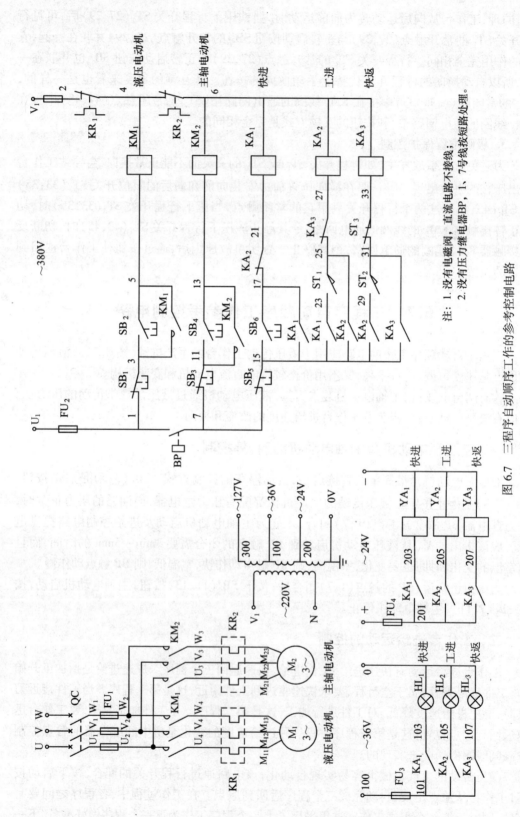

图 6.7 三程序自动顺序工作的参考控制电路

128

个程序工作断开上一个程序的互锁办法。这样可以省去很多个常闭触点,又提高了系统的可靠性。如果 n 表示 n 个程序,常规的互锁每条支路要串有 $(n-1)$ 个常闭触点,采用这种自锁方式每条支路只有一个常闭触点就可以了。

下面叙述自动进给的工作过程:按下 $SB_6(15,17)$ 按钮,中间继电器 KA_1 线圈通电并自锁,KA_1 的常开触点 $(201,203)$ 闭合使 YA 电磁阀通电,工作台快速进给,这时,KA_1 的常开触点 $(15,23)$ 闭合为下一程序工进做好准备。当工作台上的挡铁压下行程开关 ST_1 $(23,25)$ 时,KA_2 线圈通电并自锁,KA_2 的常开触点 $(201,205)$ 闭合使 YA_2 电磁阀线圈通电进入第二程序工进。该程序工作时 KA_2 的常开触点 $(15,29)$ 闭合,为第三个程序快返做好了准备,KA_2 的常闭触点 $(17,21)$ 打开,断开了第一程序快进。当工作台挡铁压下行程开关 ST_2 时,KA_3 线圈通电并自锁,KA_3 常开触点 $(201,207)$ 闭合,YA_3 电磁阀线圈通电,进行最后一个程序快速返回。因为已无下一程序,只需断开上一程序工进,用 KA_3 的常闭触点 $(25,27)$ 的打开断开第二程序工进。当工作台挡铁压下行程开关 $ST_3(31,33)$ 常闭触点时,KA_3 线圈断电,程序执行完毕停止。这时工作台回到了原点的位置。

以上就是三程序自动工作的工作过程,不难想象,四个程序、五个程序也可以按此办法处理,只是程序之间转化的行程开关多了,线路依然简单。

电磁阀线圈有交直流两种,这里选用的是直流 24V,所以要提供直流电源。

6.8　四程序自动顺序工作参考控制电路

四程序自动顺序工作的电路应用于液压传动工作台的生产机械(图 6.8)。液压传动的优点是调速简单,运行平稳,不需要直流电动机拖动,可以省去机械的变速机构。

它有两台电动机,主轴电动机可装卡刀具,液压泵电动机通过液压泵提供传动的压力油。还应有液压传动系统,负责工作台进给速度的改变与换向。

一、液压泵电动机和主轴电动机的启、停控制

液压泵电动机是最简单的直接启动、自由停车的控制方式,$SB_2(3,5)$ 是启动按钮,$SB_1(1,3)$ 是停止按钮。液压传动的生产机械都配有压力继电器,当油路压力正常时,压力继电器 $BP(1,7)$ 的常开触点闭合,才能为主轴电动机的启、停及进给控制电路提供电源。从液压泵启动到 BP 的常开触点闭合需 $3min \sim 5min$ 的时间,而且随室温的变化,触点闭合的时间也跟着变化。

二、工作台进给运动的控制

工作台进给有快速进给、第一工作进给、第二工作进给、快速返回四个程序。

快速进给是指加工前,工作台上装卡的工件远离刀具,工件到刀具之间为空行程,要使工作台快速驱进到工件附近,这是第一个程序。当工件接近刀具准备加工时,进给速度要降低称为第一工作进给,这是第二程序。工件再继续加工时速度还要降低称为第二工作进给,这是第三个程序。当工件加工完毕时要让工作台快速返回到起点(原点)的位置,准备下一次加工循环,称为快速返回,这是第四个程序,完成一次工作循环。

进给速度的改变是由中间继电器触点,控制油路电磁阀线圈的通断来实现的。

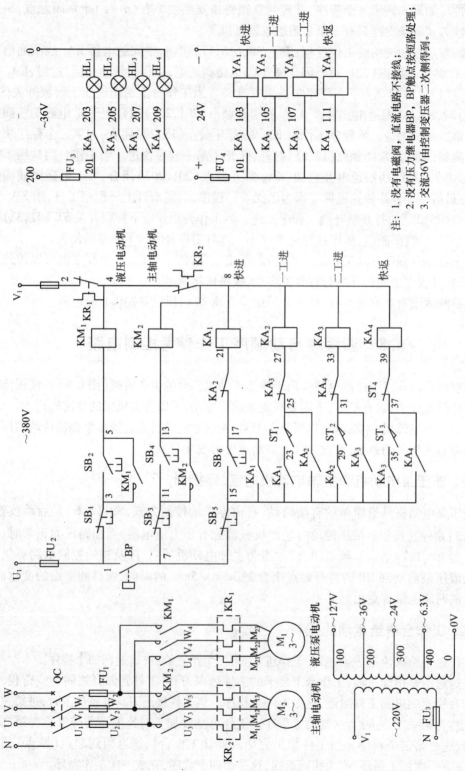

图6.8 四程序自动顺序工作的参考控制电路

液压传动的生产机械和行程开关配合很容易实现自动化,该电路就是在液压泵电动机和主轴电动机启动后,只要按下程序启动按钮 SB₆(15,17),就自动地从第一程序开始到第四程序结束,又回到加工原点的位置,而且线路简单可靠。

程序与程序之间要有互锁,同时只能有一个程序工作。常规的互锁办法:每个程序的通电电路中,要串有其他程序的常闭触点,如果有 n 个程序,每条支路要串入($n-1$)个常闭触点,这样就使得触点的数量多,降低了可靠性。在自动循环的控制电路中,引入一种新的互锁方式,采取上一程序工作为下一程序做好准备,下一程序工作断开上一程序的互锁措施,这样每个程序工作的支路中串入一个常闭触点就可以了。

自动进给的工作过程:在液压泵电动机和主轴电动机启动的情况下,按下按钮 SB₆(15,17),中间继电器 KA₁ 线圈得电,KA₁ 的常开触点(15,17)闭合将 KA₁ 线圈自锁,KA₁ 的另一常开触点(101,103)闭合,电磁阀 YA₁ 线圈得电,开始第一个程序快速进给工作,KA₁(201,203)常开触点闭合,指示灯 HL₁ 点亮,指示快进程序工作,同时 KA₁(15,23)触点闭合,为下一程序(一工进)做好准备。当行程开关 ST₁ 被压下,它的常开触点(23,25)闭合,使 KA₂ 线圈得电,KA₂ 的(101,105)常开触点闭合,使 YA₂ 电磁阀线圈通电,第二程序(一工进)工作。KA₂ 的(201,205)常开触点闭合,指示灯 HL₂ 点亮,指示一工进程序工作。KA₂ 的(15,29)触点闭合,为下一程序(二工进)做好了准备。同时,KA₂ 的常闭触点(17,21)断开,切断上一程序 KA₁ 线圈的通电回路。以上说明了上一程序工作为下一程序做好准备,下一程序工作断开上一程序互锁方式的工作过程。其他程序工作及转换,读者可以自行分析。当最后一个程序结束时,挡铁压下了行程开关 ST₄ 的常闭触点(37,39),KA₄ 断电,快速返回程序结束,回到原点。

通过对四个程序自动顺序工作电路的分析,不难看出,遵循这样的设计方法不论多少程序都很容易设计出来,而且线路也比较简单。

电磁阀线圈有交、直流两种,而且电源的等级也不一样,这里使用的是直流 24V 电磁阀,所以要经过交流整流后才能得到。

6.9　铣床参考控制电路

铣床是金属切削机床中使用很广泛的一种机床,有立式铣床和卧式铣床两种。铣床一般都由主轴电动机、进给电动机、冷却泵电动机组成,它的电气控制电路比较简单(图6.9),但与机械联系比较紧密,机电的相互配合可以实现多种加工的需要。鉴于对课程设计的要求和时间的限制,对实际铣床与机械联系的部分进行简化,但它反映了实际铣床的基本控制方式。

一、主轴电动机的启动与点动控制

合上空气开关 QC,若熔断器 FU₂ 完好,热继电器 KR₁ 常闭触点(2,4)没有断开,则1,4 号线有电。按下主轴电动机启动按钮 SB₂(3,5),KM₁ 线圈得电,KM₁ 的常开触点(3,9)闭合将 KM₁ 线圈自锁。完成主轴电动机的直接启动。

主轴电动机的点动由自动与点动转换开关 S 控制,S 闭合时为自动,S 断开时为点动。当点动时,同样按下 SB₂ 按钮,KM₁ 线圈通电,但不能自锁。按下 SB₂ 按钮,电动机转动,

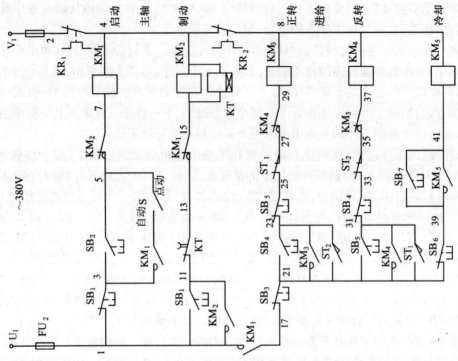

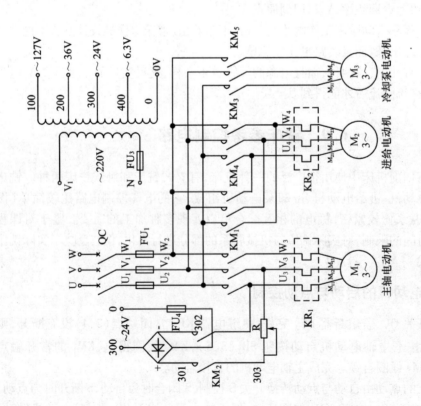

图 6.9　铣床的电气参考控制电路

注：滑线电阻R按短路处理。

松开 SB_2 按钮,电动机停止转动。

二、主轴电动机的能耗制动控制

能耗制动是当定子绕组断开电源后,向定子绕组的任意两相注入直流电,对转子产生制动力矩而停止。KM_2 是能耗制动用接触器,它的接通时间由时间继电器 KT 控制。能耗制动的工作过程:按下停止按钮 SB_1,SB_1 的常闭触点(1,3)断开,KM_1 线圈断电,KM_1 的主触点断开,定子绕组脱离电源,SB_1 的常开触点(1,11)闭合使 KM_2、KT 线圈得电,KM_2 的主触点闭合将直流电注入定子绕组,KM_2 的辅助常开触点(1,11)闭合,将 KM_2 线圈自锁。经延时,KT 的常闭触点(11,13)延时断开,KM_2 线圈断电,它的主触点和自锁触点都断开,能耗制动结束。启动与制动必须互锁,用 KM_2 常闭触点(5,7),KM_1 的常闭触点(13,15)分别串在对方线圈电路中。

三、进给电动机的正、反向的自动换向控制

1. 进给电动机的正、反向控制

进给电动机正、反向各需要一个接触器,正向时用 KM_3,定子绕组的相序为 U、V、W;反向时用 KM_4,定子绕组的相序为 W、V、U。显然这两个接触器不能同时吸合,否则就会造成电源的相间短路,所以必须互锁。常用的互锁方式是触点互锁和按钮互锁共同使用。

将反转接触器 KM_4 的常闭触点(27,29)串接在 KM_3 正转线圈的通电回路中,将 KM_3 的常闭触点(35,37)串在 KM_4 反转线圈的通电回路中,就保证了两个接触器不能同时工作。上面指的是触点互锁。另外还要有按钮互锁,进给电动机正转的启动按钮为 SB_4,按下 SB_4 的按钮,动作过程一定是它的常闭触点(31,33)先断开,切断 KM_4 反转线圈的通电回路,然后才是它的常开触点(21,23)闭合,接通 KM_3 正转线圈的通电回路。反转的启动按钮为 SB_5,它的动作过程与 SB_4 的动作过程相同,也是先断开正转的通电回路,然后再接通反转线圈 KM_4 的通电回路。这两种互锁措施的联合使用就可靠地避免了电源短路事故的发生。这两种互锁措施是最典型、最常用的互锁办法。

2. 进给电动机的自动换向控制

进给电动机在刚开始工作时要按下启动按钮 SB_4,工作后的自动换向靠行程开关来实现。在床鞍上固定两个行程开关,行程开关 ST_1 固定在正转(前进)转为反转(后退)的位置,ST_2 固定在反转(后退)转为正转(前进)的位置,工作台上固定能压下行程开关的挡铁。当工作台前进到 ST_1,挡铁压下了 ST_1,ST_1 的常闭触点(25,27)断开,KM_3 断电,ST_1 的常开触点(21,31)闭合,KM_4 得电,进给电动机由正转转为反转后退。当后退至 ST_2 处时,挡铁压下 ST_2,ST_2 的常闭触点(33,35)断开,KM_4 断电,ST_2 的常开触点(21,23)闭合,KM_3 得电,进给电动机由反转转为正转前进。从以上分析不难看出,行程开关 ST_1 的作用和按钮 SB_5 的作用完全相同,ST_2 和按钮 SB_4 的作用完全相同。

实际的铣床工作台的前后、上下、左右运动均由一台进给电动机拖动,方向的转换由机械结构实现,而且每个方向的极限位置都设有限位保护,避免发生事故。在该电路中,由于试验箱的元件有限,所以没做要求,但大家一定要清楚限位保护的道理。

四、冷却泵电动机的启动与停止控制

冷却泵电动机是最简单的直接启动、自动停车控制电路,SB_7 为启动按钮,SB_6 为停止

按钮。

6.10　中型车床参考控制电路

中型车床一般由主轴电动机、冷却泵电动机和工作台快速移动电动机 3 台电动机组成。中型车床电气控制电路如图 6.10 所示。

一、主轴电动机的启动与点动控制

主轴电动机采用直接启动的方式。合上空气开关 QC,若 FU_2 完好,热继电器 KR_1 常闭触点没有动作,1 与 2 号线两端为交流电压 380V。启动主轴电动机时按下 SB_2(3,5)按钮,KM_1 接触器线圈得电,KM_1 的主触点闭合,M_1 电动机直接启动,KM_1 的辅助常开触点(3,11)闭合将 KM_1 线圈自锁。

S 为自动与点动的选择开关,S 闭合时为自动(有自锁),S 断开时为点动(无自锁)。主轴电动机点动时,S 选择在断开的点动位置,按下 SB_2(3,5)按钮,虽然 KM_1 线圈得电,但不能自锁,按下 SB_2 主轴电动机就转动,松开 SB_2 主轴电动机就停止。

二、主轴电动机的反接制动控制

为迅速准确停车,主轴电动机采取反接制动方式。反接制动时,要将三相定子绕组电源的任意两相对调,产生反方向的旋转磁场,该旋转磁场对转子产生制动力矩,当转速降至接近零时,迅速将定子绕组断开电源,否则电动机就要反转。能反映转速变化的元件为速度继电器 BV,它与电动机轴或某根主轴同轴连接,既有正转常开触点,也有反转常开触点。若电动机正常工作时为正转,这时速度继电器 BV 的正转常开触点(15,17)闭合,为反接制动做好准备。当按下 SB_1 停止按钮时,SB_1 的常闭触点(1,3)断开,KM_1 线圈断电,主轴电动机定子绕组脱离电源。但由于惯性,转子继续转动。SB_1 的常开触点(1,15)闭合,因 BV 在主轴电动机工作时已闭合,又因 KM_1 线圈断电,KM_1 常闭触点(17,21)复位,所以 KM_2 线圈得电,KM_2 的辅助常开触点闭合将 KM_2 线圈自锁,进入反接制动状态。转速迅速下降,当下降至 100r/min 时,BV 的常开触点(15,17)自动断开,KM_2 线圈断电,反接制动停止。

三、主轴电动机绕组电流的指示

主轴电动机绕组电流的大小反映了负载的大小,通过电流表指示,可尽量使电动机在额定负载下工作,提高生产率。但由于电动机的启动电流很大,容易损坏电流表,所以在电动机启动的瞬间将电流表短接,启动结束后再将电流表接入,时间继电器 KT 就起到了这样的作用。工作原理:主轴电动机 M_{11} 绕组上加入电流互感器 T,将电流表和时间继电器常闭触点延时打开的触点并联后与电流互感器连接。当主轴电动机启动时,KM_1、KT 线圈同时得电,但这时互感器流过的电流被 KT 的常闭触点短接,不流过电流表,启动过程结束后,KT 的常闭触点断开,互感器的电流被电流表显示。

四、进给电动机的快速移动

中型以上车床都有快速移动电动机,便于快速回车和对刀,可减轻工人劳动强度,提

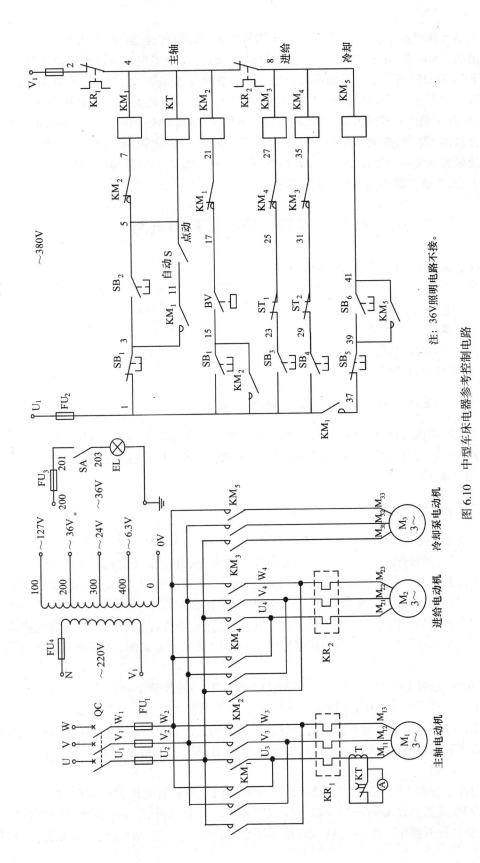

注：36V照明电路不接。

图 6.10 中型车床电器参考控制电路

135

高生产率。快速移动采用点动的方式,电动机正转,溜板箱向前运动,电动机反转,溜板箱向后运动。$SB_3(1,23)$是电动机正转点动按钮,$SB_4(1,29)$是电动机反转点动按钮,行程开关$ST_1(23,25)$常闭触点是溜板箱向前运动的极限位置保护,若挡铁压下$ST_1(23,25)$,则向前运动停止,压下$ST_2(29,31)$向后运动停止。电动机的正转与反转要有可靠的互锁,这里利用触点互锁的方式,将反转接触器KM_4的辅助常闭触点$(25,27)$串联在电动机正转接触器KM_3的线圈回路中,将正转接触器KM_3的辅助常闭触点$(31,35)$串在电动机反转接触器KM_4的线圈回路中,保证同时只能有一个接触器线圈通电,避免两个接触器同时吸合,造成电源相间短路事故的发生。

6.11 摇臂钻床参考控制电路

摇臂钻床电气控制电路如图6.11所示。

摇臂钻床有4台电动机:主轴电动机,负责带动刀具的旋转运动;摇臂升降电动机,负责摇臂的上升和下降;液压泵电动机,提供压力油,与液压系统配合完成对摇臂、主轴箱、立柱的夹紧与放松;冷却泵电动机,提供元件加工时对刀具的冷却。摇臂升降电动机可以正、反转,正转对应摇臂上升,反转对应摇臂下降。夹紧、放松电动机也有正、反转,正转对应放松,反转对应夹紧。

一、主轴电动机的启动与停止控制

主轴电动机为直接启动、自由停车。合上空气开关QC,若熔断器FU_2完好,主轴电动机的热继电器常闭触点$(4,2)$没有断开,按下$SB_2(3,5)$,KM_1线圈得电,主轴电动机M_1直接启动并自锁,SB_1为停止按钮。

二、摇臂的升降、松开/夹紧控制

摇臂的升降控制与它的松开、夹紧是严格按照顺序动作的。例如,摇臂上升,当发出上升指令后,摇臂并不是马上上升,而是将摇臂放松,松开的信号发出后才执行上升的动作。上升到预定位置后,停止上升,执行夹紧动作。摇臂松开与主轴箱、立柱的松开同步进行。同理,夹紧也是同步进行的。这些动作都是使夹紧、放松电动机的正、反转与液压系统配合实现的。摇臂下降与上升动作相同,也是先放松然后下降,到预定位置时夹紧。

该控制电路是对实际摇臂钻床电路进行必要的简化而得到的,这样便于读者理解和掌握。

下面以摇臂上升为例说明它的工作过程:$SB_3(1,7)$是摇臂上升按钮,$SB_4(1,25)$是摇臂的下降按钮。$ST_2(7,11)$是摇臂上升的极限位置保护,$ST_3(25,11)$是摇臂下降的极限位置保护。$ST_1(11,13)$常开触点闭合时执行摇臂的上升或下降动作,$ST_1(11,29)$常闭触点在常态时(即图中的状态时),执行松开动作。当摇臂、主轴箱、立柱松开时,$ST_4(1,35)$处于闭合状态。

当按下$SB_3(1,7)$按钮时,首先时间继电器KT线圈得电,它的常开触点$(29,31)$延时闭合,KM_4线圈通过$1→7→11→29→31→33$得电。夹紧、放松电动机正转,执行摇臂、主轴箱、立柱松开动作。当$ST_1(11,13)$压下闭合时,$ST_1(11,29)$断开,松开动作停止,KM_2

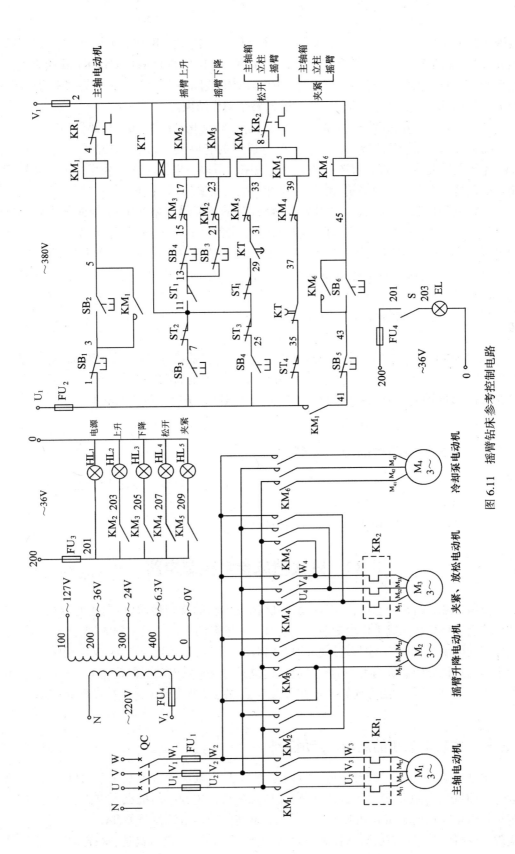

图 6.11　摇臂钻床参考控制电路

137

线圈通过 1→7→11→13→15→17 得电,摇臂上升。(因这时 SB$_3$(1,7)闭合,SB$_3$(13,21)断开,KM$_3$ 线圈不会得电),上升到预定位置后,松开 SB$_3$(1,7)按钮,KM$_2$、KT 线圈断电停止上升,KT 的常闭触点(35,37)断电延时闭合,KM$_5$ 线圈将通过 1→35→37→39 得电,执行夹紧动作,待可靠加紧后 ST$_4$(1,35)断开,整个动作结束。

摇臂下降的动作过程与上升的动作过程相同,只是此时按下 SB$_4$(1,25)按钮。

摇臂升降用接触器 KM$_2$ 和 KM$_3$ 来执行摇臂的升降动作,从主电路可看出 KM$_2$ 和 KM$_3$ 绝不能同时吸合,否则将造成电源相间短路。所以在电路中必须采用可靠的互锁措施。类似这样情况都必须采用"触点互锁"和"按钮互锁"的双重保护。

摇臂上升与下降的触点互锁用 KM$_3$(15,17)的常闭触点串在 KM$_2$ 线圈的通电回路中,KM$_2$(21,23)常闭触点串在 KM$_3$ 线圈的通电回路中,这样就保证了同时只有一个线圈通电,可避免发生电源相间短路事故。按钮互锁:按钮 SB$_3$(1,7)为摇臂上升按钮,它的常闭触点(13,21)串在摇臂下降线圈的通电回路中,SB$_3$ 的常开触点(1,7)闭合,它的常闭触点(13,21)一定断开。同理,SB$_4$(1,25)为摇臂下降按钮的常开触点,它的常闭触点(13,15)在 KM$_2$ 上升线圈的通电回路中,按下 SB$_4$,一定只能下降,不能上升,这样来实现按钮互锁。

摇臂、主轴箱、立柱的夹紧与放松同样也要互锁,它是通过触点互锁来实现的,这里没有按钮互锁,将 KM$_5$(31,33)的常闭触点串在 KM$_4$ 线圈的通电回路中,将 KM$_4$(37,39)串接在 KM$_5$ 线圈的通电回路中,保证放松与夹紧不能同时进行。放松与夹紧同上升和下降是连续进行的,所以没有按钮互锁。

三、冷却泵电动机的启停控制

冷却泵电动机与主轴电动机的控制方式完全相同,是最简单的直接启动、自由停车方式。SB$_6$(43,45)为启动按钮,SB$_5$(41,43)为停止按钮。

信号显示、低压照明电路均很简单,请读者自行分析。

6.12 卧式镗床参考控制电路

镗床主要有两台电动机:主轴电动机,除担负主轴的旋转运动外,它还通过机械的传动系统由手柄控制完成工作台的左、右、前、后,主轴箱的上、下,及主轴的进、出 8 种运动;快速移动电动机,担负上述 8 种运动的快速移动。当然,电动机也有正、反向旋转,8 种运动也是通过机械传动机构由手柄控制的。这里只讨论主轴电动机的旋转运动和快速移动电动机运动,机械传动的方向转换不在分析范围之内。卧式镗床电气控制电路如图 6.12所示。

一、主轴电动机的启动、点动控制

主轴电动机只有一种转向,但它可以点动,而且主轴电动机为双速电动机,可以低速运行,这时定子绕组为三角形接法,KM$_L$ 主触点闭合。主轴电动机也可以高速运行,这时定子绕组接成双星形,KM 和 KM$_H$ 闭合。高、低速的转换由转换开关 SA$_1$(5,21)和(5,7)实现,选择低速时只有低速,选择高速时,要先接通低速延时转为高速,这样可以减小启动

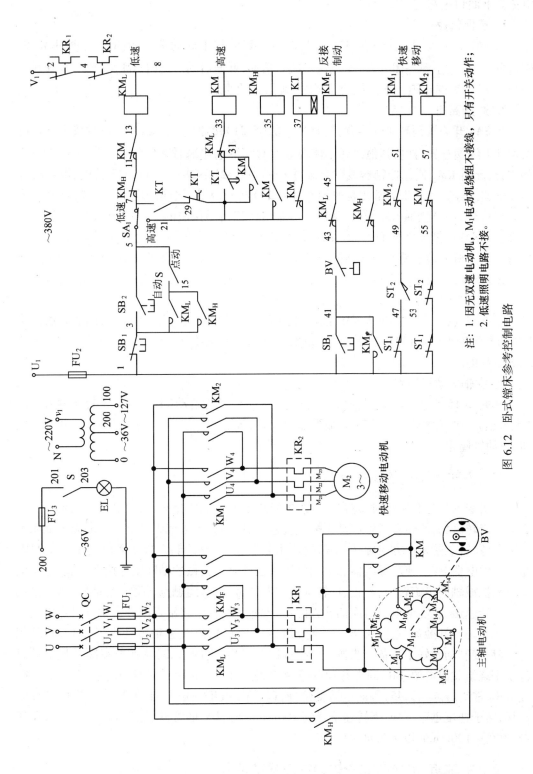

图 6.12 卧式镗床参考控制电路

注: 1. 因无双速电动机, M_1 电动机绕组不接线, 只有开关动作;
2. 低速照明电路不接。

139

电流。下面讨论它的工作原理。

1. 选择低速

当 SA_1 开关扳到低速位置，这时 $SA_1(5,7)$ 接通，按下启动按钮 $SB_2(3,5)$ 时，KM_L 线圈得电，KM_L 的主触点闭合，定子绕组接成三角形，低速启动。同时 KM_L 的辅助常开触点闭合将 KM_L 线圈自锁。选择低速位置时，就只有低速运动。

2. 选择高速

将 SA_1 开关扳到高速的位置，这时 SA_1 的 $(5,21)$ 接通，$(5,7)$ 断开。这时按下 SB_2 的按钮，KT 线圈首先得电，其他线圈不能得电。时间继电器瞬时动作的常开触点 $(7,29)$ 立刻闭合，此时 KM_L 低速接触器线圈会通过 $1\rightarrow3\rightarrow5\rightarrow21\rightarrow29\rightarrow7\rightarrow11\rightarrow13$ 得电，电动机先启动低速。经延时，KT 的常闭延时触点 $(21,29)$ 断开，KM_L 线圈断电，但 KT 的常开延时触点 $(21,31)$ 闭合接通 KM 线圈，从图中可看出将三角形接法的三个角短接在一起，形成中性点。KM 的辅助常开触点 $(21,35)$ 闭合使 KM_H 线圈得电，定子绕组变成双星形，高速运行。从分析中很容易发现，时间继电器由于既有瞬时触点又有延时触点，它起到了先接通低速延时转为高速的作用。当已转成高速后，KT 的作用就已完成，利用 KM_H 的常闭触点 $(21,37)$ 将 KT 线圈断开，启动过程结束。

这里需要指出的是，低速 KM_L 线圈和高速 KM_H 线圈不能同时得电，采用的办法是将 KM 的常闭触点 $(11,13)$ 串在 KM_L 的线圈回路中，将 KM_L 的常闭触点 $(31,33)$ 串在 KM 线圈的回路中。

3. 主轴电动机的点动

开关 $S(15,5)$ 是自动与点动的选择开关，S 闭合时为自动（有自锁），S 断开时为点动（无自锁）。主轴电动机点动时，S 扳到点动位置，按下 SB_2 按钮，电动机转动，松开 SB_2 按钮，电动机停止。

二、主轴电动机的反接制动

反接制动就是在制动时，将定子绕组的三相电源中的两相对调，使电动机绕组产生反方向的旋转磁场，使转子产生制动力矩。转速接近零时，定子绕组马上脱离电源。如果不脱离电源，转子就要反方向旋转起来，这已不是制动，而是反转。能反映转速变化的只能是速度继电器 BV。速度继电器和电动机轴或某根生产机械的轴同轴连接在一起，它跟电动机和机械轴同步旋转，它有正、反转两个方向的常开、常闭触点，例如，电动机正转，当达到动作转速后，速度继电器对应的该方向常开触点闭合、常闭触点断开。常开触点的闭合为反接制动做好准备，电路中 BV 的常开触点 $(41,43)$，就在主轴电动机工作时，它已闭合，为反接制动做好了准备。当按下停止按钮 SB_1 后，它的 $(1,3)$ 常闭触点断开使电动机的定子绕组脱离电源，SB_1 的常开触点 $(1,41)$ 触点闭合，因 BV 的 $(41,43)$ 已经闭合，KM 或 KM_H 常闭触点 $(43,45)$ 因断电而复位，所以 KM_F 线圈得电并自锁，产生反方向的旋转磁场，转子速度迅速下降，当转速下降到 $100r/min$ 时，BV 的常开触点 $(41,43)$ 断开，反接制动停止，$100r/min$ 以下为自由停车。

三、主轴箱、工作台或主轴的快速移动控制

它的快速移动借助于手柄压下行程开关来实现。控制快速移动电动机的正、反转实

现主轴箱、工作台或主轴的 8 个方向运动。电动机的正转和反转必须要有可靠的互锁,两个接触器 KM_1、KM_2 若同时吸合就会造成电源相间短路,最常用的、安全的互锁措施为"触点互锁"和"按钮互锁"联合使用。在该电路中,KM_2 的常闭触点(49,51)串在 KM_1 线圈的通电回路中,KM_1 的常闭触点(55,57)串在 KM_2 线圈的通电回路中。这样就保证了同时只能由一个接触器工作,避免同时吸合造成电源相间短路的可能性。这里的按钮互锁是通过和按钮工作原理完全相同的行程开关来实现的。将 ST_1 的常闭触点(1,47)串在 KM_1 线圈通电的回路中,用 ST_2 的常闭触点串在 KM_2 线圈的通电回路中,这样就保证了同时只能有一个线圈通电。动作过程是:当挡铁压下行程开关 ST_2 时,ST_2 的常闭触点(53,55)先断开,切断 KM_2 线圈的通电回路,接下来 ST_2 的常开触点(47,49)闭合,使 KM_1 线圈得电。其他的问题,请读者自行分析。

6.13　组合机床动力头顺序工作、同时返回参考控制电路

该组合机床由 3 台电动机组成:M_1 为液压泵电动机,给液压传动机构提供压力油,液压传动机构承担两个动力头的进给与退回动作;M_2 与 M_3 为两个动力头电动机,装卡刀具对工件进行加工。组合机床动力头顺序工作、同时退回控制电路如图 6.13 所示。

一、液压泵电动机的启动与停止控制

液压泵电动机是最简单的直接启动、自由停车的控制方式,按下 SB_2(3,5),KM_1 线圈得电并自锁直接启动。按下停止按钮 SB_1(1,3),KM_1 线圈断电停止。当油路压力正常后,压力继电器 BP 的常开触点(1,33)闭合,为动力头的启动和进给运动提供了电源。

二、动力头的旋转与进给控制

液压机床的进给运动由液压传动系统中的电磁阀线圈的通、断电来实现。而电磁阀线圈的通电与断电,要靠中间继电器触点的接通和断开来控制。

按设计要求,两动力头顺序工作、同时返回,也就是第一动力头先进给,对零件加工,待进给到预定地点 ST_2 时,停止并接通第二动力头的进给和对零件加工,待进给到 ST_4 位置时也停止加工,这时要同时返回到两动力头各自的起点,动力头 I 的起点(原位)为 ST_1 处,动力头 II 的起点(原点)为 ST_3 处。

1. 两动力头的进给、启/停控制

两动力头可以分别进行启动和停止的操作。按下 SB_4 按钮,KA_1 中间继电器线圈得电,KA_1 的常开触点(33,7)闭合,KM_2 线圈得电,它的主触点闭合,动力头 I 旋转;KA_1 的另一常开触点(301,303)闭合,接通 YA_1 电磁阀线圈,动力头 I 前进并对零件进行加工。按下停止按钮 SB_3 时,动力头 I 的旋转与进给同时停止。如果不按停止按钮,待运动到压下行程开关 ST_2 时,ST_2 的常闭触点(15,17)断开也自动停止。

动力头 II 的启动与动力头 I 相同,它的启动按钮为 SB_6,停止按钮为 SB_5,自动停止行程开关为 ST_4。

2. 动力头顺序工作、同时返回控制

当动力头在自动对零件加工时,只需按下一个启动按钮 SB_4,两动力头就可以自动顺

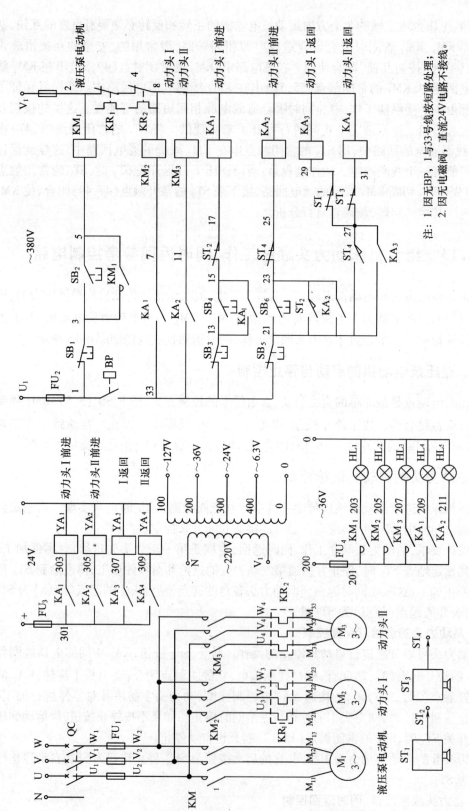

图 6.13 组合机床动力头顺序工作、同时返回参考控制电路

注: 1. 因无BP, 1与33号线按短路处理;
2. 因无电磁阀, 直流24V电路不接线。

序对零件进行加工,并按要求返回到起点位置。它的动作过程是:按下按钮 SB_4,KA_1 线圈得电并自锁,KA_1(33,7)触点闭合,KM_2 线圈得电,动力头 I 电动机启动,KA_1 另一常开触点(301,303)闭合,YA_1 电磁阀线圈通电,动力头 I 前进。当运动到压下行程开关 ST_2 时,ST_2 的常闭触点(15,17)断开→KA_1 线圈断电→KM_2 线圈断电→YA_1 线圈断电,动力头 I 停止前进。但 ST_2 的常开触点(21,23)闭合,使 KA_2 线圈得电并自锁,和动力头 I 一样,KA_2(33,11)触点闭合→KM_3 线圈得电,动力头 II 电动机启动→KA_2(301,305)触点闭合,YA_2 电磁阀得电,动力头 II 前进,前进到压下行程开关 ST_4 时,它的(23,25)触点断开停止。这时要特别注意到动力头 I 已在 ST_2 处等候,ST_2 的(21,23)触点早已闭合,待动力头 II 压下 ST_4 时,ST_4 的(23,25)触点断开,ST_4 的(21,27)触点闭合,这时 KA_3、KA_4 线圈通电,KA_3 的常开触点(301,307)闭合,YA_3、YA_4 电磁阀线圈得电,使动力头 I 和动力头 II 同时返回,只有动力头 I 将 ST_1 压下,它的(27,29)触点断开,动力头 II 将 ST_3 压下,它的(27,31)触点也断开时,KA_3 线圈断电→YA_3 线圈断电,动力头 I 和动力头 II 停止。

6.14 组合机床动力头同时工作、顺序返回参考控制电路

该组合机床有 3 台电动机:M_1 为液压泵电动机,给液压机构提供压力油,而液压机构能够完成两个动力头的前进与后退运动;M_2 与 M_3 为两个动力头电动机,装卡刀具对工件进行加工。组合机床动力头同时工作、顺序返回控制电路如图 6.14 所示。

一、液压泵电动机的启动、停止控制

液压泵电动机的启动与停止控制是最简单的直接启动、自由停车控制方式,按下启动按钮 SB_2(3,5),KM_1 线圈得电,M_1 液压泵电动机启动,KM_1 常开触点闭合将线圈自锁,电动机直接启动。按下 SB_1 按钮,KM_1 线圈断电,KM_1 的主触点与辅助触点断开,自由停车。

二、动力头的旋转与进给运动控制

按设计要求,两个动力头同时工作,即同时进行工作进给。而工作进给结束后,第一动力头先执行返回动作,动力头 I 返回到工作原点处停止,这时动力头 II 才开始执行返回动作,到返回它的工作原点后停止,整个加工过程结束。

按下 SB_4(13,15),KA_1 线圈得电,KA_1 的一个常开触点(13,15)闭合使 KA_1 线圈自锁,另一个常开触点(33,7)闭合,KM_2 线圈得电,动力头 I 电动机直接启动,KA_1 的第三常开触点(301,303)闭合,电磁阀 YA_1 线圈得电,动力头 I 向前运动。与此同时,KA_2 线圈也和 KA_1 线圈同时得电,KA_2 的三个常开触点与 KA_1 三个常开触点作用完全相同。第一个常开触点(13,15)闭合使 KA_2 线圈自锁,第二个常开触点(33,11)闭合使 KM_3 线圈通电,M_3 动力头 II 电动机启动,第三个常开触点(301,305)闭合,电磁阀 YA_2 得电,动力头 II 也向前运动。动力头 I 运动到压下 ST_3 行程开关,它的常闭触点(15,17)断开,KA_1 线圈失电而停止向前运动,ST_3 的常开触点(33,23)闭合,KA_3 线圈得电,KA_3 的(33,27)触点闭合,将 KA_3 线圈自锁,KA_3 的(301,307)触点闭合,YA_3 电磁阀通电,使动力头 I 开

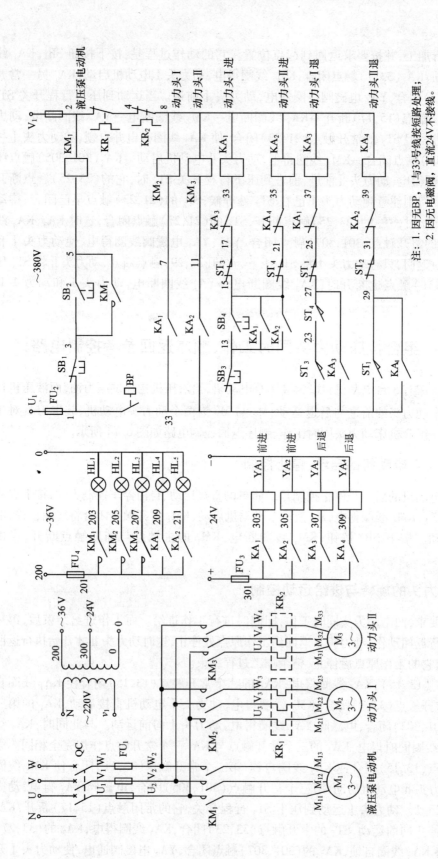

图 6.14 组合机床动力头同时工作、顺序返回参考控制电路

144

始后退。后退到压下行程开关 ST_1 时,ST_1 的(25,27)触点断开,动力头 I 后退停止,回到了原点的位置,它的(33,29)触点闭合为动力头 II 的后退做好了准备。以上说明的是动力头 I 从前进到后退停止的动作过程。下面描述动力头 II 的动作过程:刚才已说明动力头 II 向前运动,当运动到压下行程开关 ST_4 时,ST_4 的(15,21)触点断开,KA_2 线圈断电,动力头 II 停止前进,ST_4 的常开触点(23,27)闭合,因 ST_3 的常开触点(33,23)已闭合,所以 KA_3 线圈得电,动力头 I 后退,当退到压下行程开关 ST_1 时,它的常开触点(33,29)闭合,KA_2 线圈得电,动力头 II 开始后退,当退到压下行程开关 ST_2 时,它的常闭触点(29,31)断开,退回到原点,完成动力头的同时工作顺序返回的控制。

指示灯 HL_1 为液压电动机工作指示,HL_2 为动力头 I 的工作指示,HL_3 为动力头 II 工作指示,HL_4 为动力头 I 的前进指示,HL_5 为动力头 II 前进指示。

附　录

附录 A　电气设备常用基本图形符号(摘自 GB 4728)

名　称	新符号	旧符号	名称	新符号		旧符号
直流	—·—·— 或	———	导线的连接			
交流	∼	∼	导线的多线连接	或		或
交直流	≂	≂				
接地一般符号						
无 噪 声 接 地（抗 干 扰 接地）			导线的不连接			
保护接地			接通的连接片	或		
接 机 壳 或 接底板	或	或	断开的连接片			
等电位			电阻器一般符号	优选形	其他形	
故障			电容器一般符号			
闪络、击穿						
导线间绝缘击穿			极性电容器			
导线对机壳绝缘击穿	或		半导体二极管一般符号			
导线对地绝缘击穿			光电二极管			

146

名　称	新符号	旧符号	名称	新符号	旧符号
电压调整二极管(稳压管)			三相笼型异步电动机		
晶体晶闸管（阴极侧受控）			三相绕线转子电动机		
PNP 半导体三极管			动合（常开）触点	或	
NPN 半导体三极管			动断（常闭）触点		
换向绕组			串励直流电动机		
补偿绕组					
串励绕组			他励直流电动机		
并励或他励绕组		或	并励直流电动机		
发电机	G	F			
直流发电机	G	F	复励直流电动机		
交流发电机	G	F			
电动机	M	D	铁芯带间隙的铁芯		
直流电动机	M	D			
交流电动机	M	D	单相变压器		
直线电动机	M				
步进电动机	M		由中心抽头的单相变压器		
手摇电动机	G				

147

（续）

名　称	新符号	旧符号	名称	新符号	旧符号
三相变压器星形—有中性点引出线的星形联结			延时闭合的动合触点		
三相变压器有中性点引出线的星形—三角形联结			延时断开合的动合触点	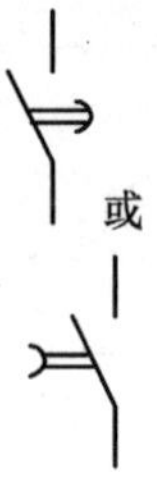	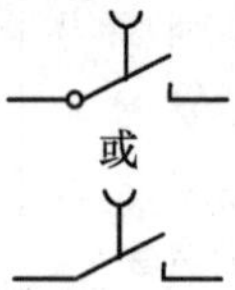
电流互感器脉冲变压器			延时闭合的动断触点		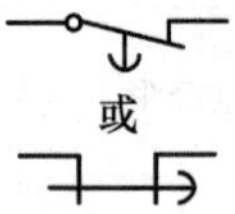
位置开关的动合触点			延时断开的动断触点	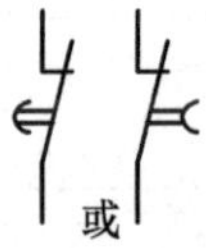	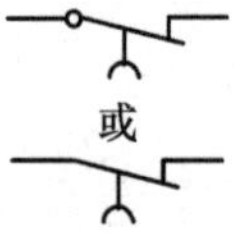
位置开关的动断触点			延时闭合和延时断开的动合触点	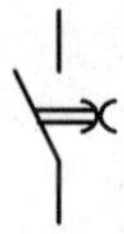	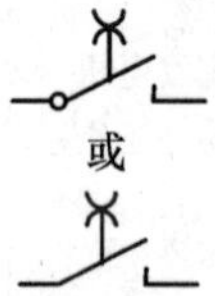
先断后合的转换触点			延时闭合和延时断开的动断触点	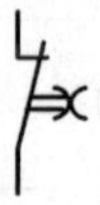	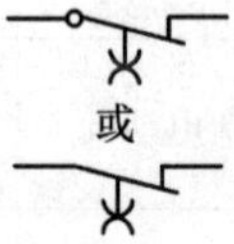
先合后断的转换触点			热继电器的触点	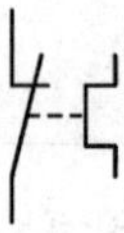	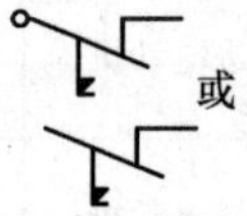
中间断开的双向触点					

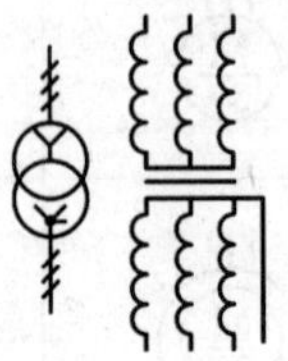

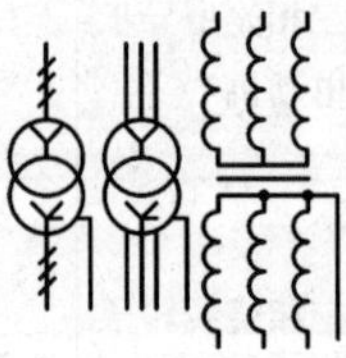

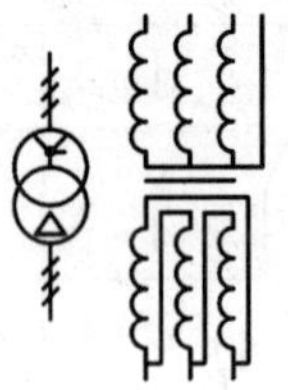

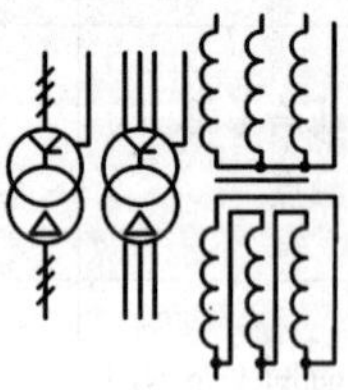

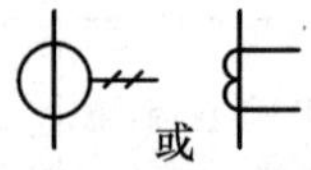

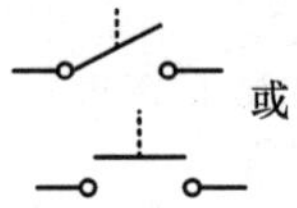

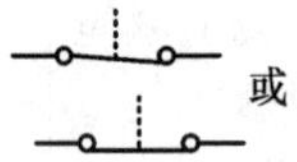

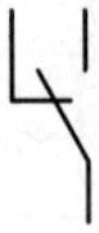

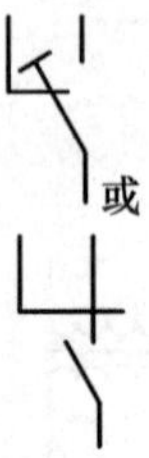

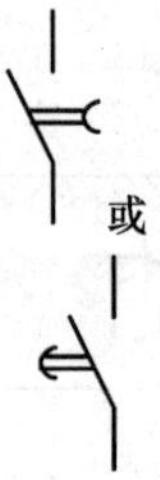

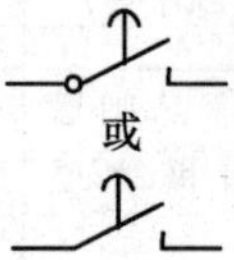

148

（续）

名　　称	新符号	旧符号	名称	新符号	旧符号
接触器的动合触点			带动合触点的按钮		
			带动断触点的按钮		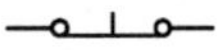
接触器的动分触点			带动合和动断触点的按钮		 或
三极开关	或	或	荧光灯启动器		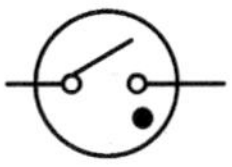
			转速继电器	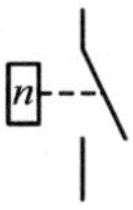	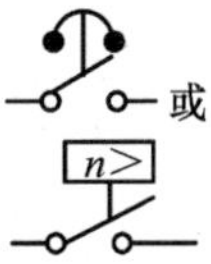 或
三极高压断路器			压力继电器		
三极高压隔离开关			温度继电器	 或	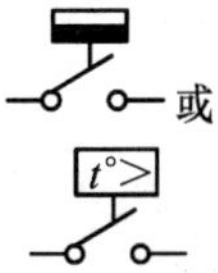 或
三极高压负荷开关			液位继电器		
继电器线圈	或		火花间隙		
热继电器的驱动器件			避雷器		

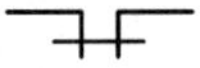

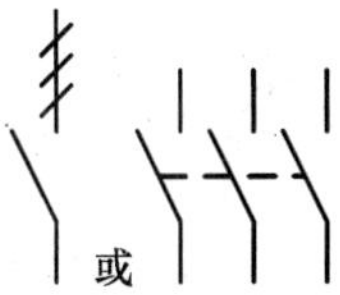

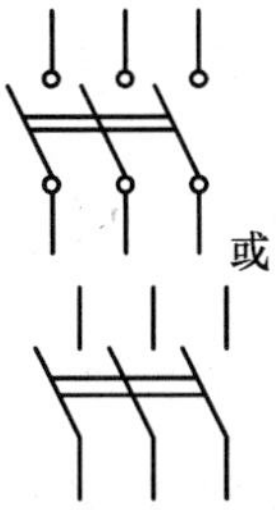

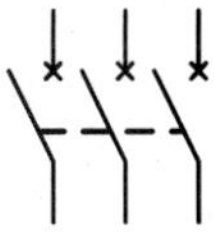

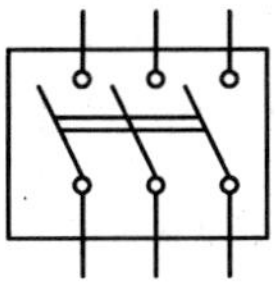

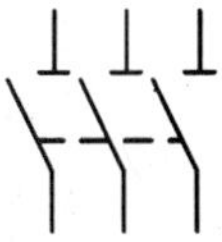

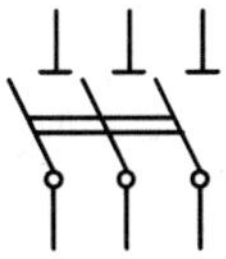

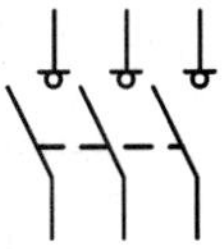

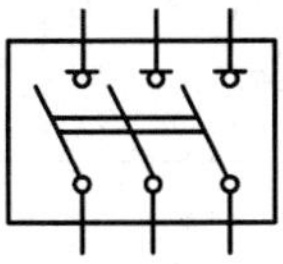

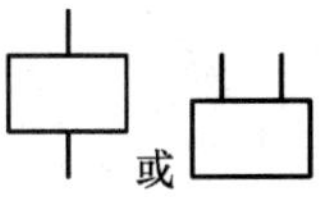

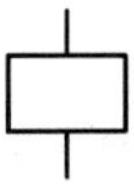

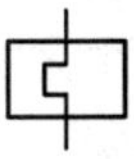

149

名　称	新符号	旧符号	名称	新符号	旧符号
熔断器			原电池或蓄电池		或
灯		照明灯 信号灯	等电位		
电抗器	或		跌开式熔断器		
示波器			熔断器式开关		
热电偶	或		熔断器式隔离开关		
电喇叭		或	熔断器式负荷开关		
扬声器		或	换向器上的电刷		
受话筒		或	集电环上的电刷		
电铃	优选形 其他形		桥式全波整流器	或	或
蜂鸣器	优选形 其他形				

附录 B 电气设备常用基本文字符号(摘自 GB 7159—87)

名　称	新符号		旧符号	名　称	新符号		旧符号
	单组合	双组合			单组合	双组合	
发电机	G		F	整流器	U		ZL
直流发电机	G	GD	ZF	变流器	U		BL
交流发电机	G	GA	JF	逆变器	U		NB
同步发电机	G	GS	TF	变频器	U		BP
异步电动机	G	GA	YF	断路器	Q	QF	DL
永磁发电机	G	GM	YCF	隔离开关	Q	QS	GK
水轮发电机	G	GH	SLF	自动开关	Q	QA	ZK
汽轮发电机	G	GT	QLF	转换开关	Q	QC	HK
励磁机	G	GE	L	刀开关	Q	QK	DK
电动机	M		D	控制开关	S	SA	KK
直流电动机	M	MD	ZD	行程开关	S	ST	CK
交流电动机	M	MA	JD	限位开关	S	SL	XK
同步电动机	M	MS	TD	终点开关	S	SE	ZDK
异步电动机	M	MA	YD	微动开关	S	SS	WK
笼型电动机	M	MC	LD	脚踏开关	S	SF	TK
绕组	W		Q	按钮开关	S	SB	AN
电枢绕组	W	WA	SQ	接近开关	S	SP	JK
定子绕组	W	WS	DQ	继电器	K		J
转子绕组	W	WR	ZQ	电压继电器	K	KV	YJ
励磁绕组	W	WE	LQ	电流继电器	K	KA	LJ
控制绕组	W	WC	KQ	时间继电器	K	KT	SJ
变压器	T		B	频率继电器	K	KF	PJ
电力变压器	T	TM	LB	压力继电器	K	KP	YLJ
控制变压器	T	TC	KB	控制继电器	K	KC	KJ
升压变压器	T	TU	SB	信号继电器	K	KS	XJ
降压变压器	T	TD	JB	接地继电器	K	KE	JDJ
自耦变压器	T	TA	OB	接触器	K	KM	C
整流变压器	T	TR	ZB	电磁铁	Y	Y	DT
电炉变压器	T	TF	LB	制动电磁铁	Y	YB	ZDT
稳压器	T	TS	WY	牵引电磁铁	Y	YT	QYT
互感器	T	T	H	起重电磁铁	Y	YL	QZT
电流互感器	T	TA	LH	电磁离合器	Y	YC	CLH
电压互感器	T	TV	YH	电阻器	R		R

151

名称	新符号		旧符号	名称	新符号		旧符号
	单组合	双组合			单组合	双组合	
变阻器	R		R	耳机	B		EJ
电位器	R	RP	W	天线	W		TX
起动电阻器	R	RS	QR	接线柱	X		JX
制动电阻器	R	RB	ZDR	连接片	X	XB	LP
频敏电阻器	R	RF	PR	插头	X	XP	CT
附加电阻器	R	RA	FR	插座	X	XS	CZ
电容器	C		C	测量仪表	P		CB
电感器	L		L	高	H	G	G
电抗器	L	LS	DK	低	L	D	D
起动电抗器	L		QK	升	U	S	S
感应线圈	L		GQ	降	D	J	J
电线	W		DX	主	M	Z	Z
电缆	W		DL	辅	AUX	F	F
母线	W		M	中	M	Z	Z
避雷器	F		BL	正	FW	Z	Z
熔断器	F	FU	RD	反	R	F	F
照明灯	E	EL	ZD	红	RD	H	H
指示灯	H	HL	SD	绿	GN	L	L
蓄电池	G	GB	XDC	黄	YE	U	U
光电池	BN		GDC	白	WH	B	B
晶体管	V		BG	蓝	BL	A	A
电子管	V	VE	G	直流	DC	ZL	Z
调节器	A		T	交流	AC	JL	J
放大器	A		FD	电压	V	Y	Y
晶体管放大器	A	AD	BF	电流	A	L	L
电子管放大器	A	AV	GF	时间	T	S	S
磁放大器	A	AM	CF	闭合	ON	BH	B
变换器	B		BH	断开	OFF	DK	D
压力变换器	B	BP	YB	附加	ADD	F	F
位置变换器	B	BQ	WZB	异步	ASY	Y	Y
温度变换器	B	BT	WDB	同步	SYN	T	T
速度变换器	B	BV	SDB	自动	A,AUT	Z	Z
自整角机	B		ZZJ	手动	M,MAN	S	S
调速发电机	B	BR	CSF	启动	ST	Q	Q
送话器	B		S	停止	STP	T	T
受话器	B		SH	控制	C	K	K
拾声器	B		SS	信号	S	X	X
扬声器	B		Y				

附录 C　Y系列三相异步电动机型号规格

型号	P_N /kW	满载时				$\dfrac{I_{st}}{I_N}$	$\dfrac{T_{st}}{T_N}$	$\dfrac{T_{max}}{T_N}$	转动惯量 /(kg·m²)	净重(B_3) /kg
		n /(r/min)	I /A	η /%	$\cos\varphi$					
Y801-2	0.75	2830	1.81	75	0.84		2.2		0.00075	16
Y801-3	1.1		2.52	77	0.86				0.00090	17
Y90S-2	1.5	2840	3.44	78	0.85				0.0012	22
Y90L-2	2.2		4.74	82	0.86		2.2		0.0014	25
Y100L-2	3.0	2870	6.39						0.0029	33
Y112M-2	4.0	2890	8.17	85.5	0.87				0.0055	45
Y132S1-2	5.5	2900	11.1						0.0109	64
Y132S2-2	7.5		15.0	86.2					0.0126	70
Y160M1-2	11	2930	21.8	87.2	0.88				0.0377	117
Y160M2-2	15		29.4	88.2		7.0		2.2	0.0449	125
Y160L-2	18.5		35.5	89					0.0550	147
Y180M-2	22	2940	42.2				2.0		0.075	180
Y200L1-2	20	2950	96.9	90					0.124	240
Y200L2-2	37		69.8	90.5					0.139	255
Y225M-2	45	2970	83.9		0.89				0.233	309
Y250M-2	55		103	91.5					0.312	403
Y280S-2	75		140						00597	544
Y280M-2	90		167	92					0.675	620
Y315S-2	110		203	92.5			1.8		1.18	980
Y315M1-2	132	3980	242	93					1.82	1080
Y315M2-2	160		292	93.5	0.89	7.0			2.08	1160
Y881-4	0.55	1390	1.51	73	0.76				0.0018	17
Y802-4	0.75		2.01	74.5		6.5			0.0021	18
Y90S-4	1.1	1400	2.75	78	0.78				0.0021	22
Y90L-4	1.5		3.65	79	0.79				0.0027	27
Y100L1-4	2.2	1430	5.03	81	0.82		2.2		0.0054	34
Y100L2-4	3.0		6.82	82.5	0.81				0.0067	38
Y112M-4	4.0	1440	8.77	84.5	0.82				0.0095	43
Y132S-4	5.5		11.6	85.5	0.84				0.0214	68
Y132M-4	7.5		15.4	87	0.85				0.0296	81
Y160M-4	11	1460	22.6	88	0.84				0.0747	123
Y160L-4	15		30.3	88.5	0.85			2.2	0.0918	144
Y180M-4	18.5	1470	35.9	91	0.86				0.139	182
Y180L-4	22		42.5	91.5					0.158	190
Y200L-4	30		56.8	92.2	0.87	7.0	2.0		0.262	270
Y225S-4	37	1480	69.8	91.8					0.406	284
Y225M-4	45		84.2	92.3			1.9		0.469	320
Y250M-4	55		103	92.6	0.88				0.66	427
Y280S-4	75		140	82.7			2.0		1.12	562
Y280M-4	90		164	93.5			1.9		1.46	667
Y315S-4	110	1490	201	93.5	0.89				3.11	1000
Y315M1-4	132		240	94					3.62	1100
Y315M2-4	160		289	94.5			1.8		4.13	1160

（续）

型号	P_N /kW	满载时				$\dfrac{I_{st}}{I_N}$	$\dfrac{T_{st}}{T_N}$	$\dfrac{T_{max}}{T_N}$	转动惯量 /(kg·m²)	净重(B_3) /kg
		n /(r/min)	I /A	η /%	$\cos\varphi$					
Y60S-6	0.75	910	2.25	72.5	0.70	6.0	2.0	2.0	0.0029	23
Y90L-6	1.1		3.15	73.5	0.72				0.0035	25
Y100L-6	1.5	940	3.97	77.5	0.74				0.0069	33
Y112M-6	2.2		5.61	80.5					0.0138	45
Y132S-6	3.0	960	7.22	83	0.76				0.0286	63
Y132M1-6	4.0		9.40	84	0.77				0.0357	73
Y132M2-6	5.5		12.6	85.3		6.5			0.0449	84
Y160M-6	7.5	970	17.0	86	0.78				0.0881	119
Y160L-6	11		24.6	87					0.116	147
Y180L-6	15		31.4	89.5	0.81				0.207	195
Y200L1-6	18.5		37.7	89.8	0.83		1.8		0.315	220
Y200L2-6	22	970	44.6	90.2	0.83				0.360	250
Y225M-6	30		59.5		0.85				0.547	292
Y250-6	37	980	72	90.8	0.86		1.7		0.834	408
Y280S-6	45		85.4	92					1.39	536
Y280M-6	55		104			6.5	1.8		1.65	595
Y315S-6	75	990	141	92.8	0.87				4.11	990
Y315M1-6	90		169	93.2					4.78	1080
Y315M2-6	110		206	93.5			1.6		5.45	1150
Y315M3-6	132		246	93.8					6.12	1210
Y132S-8	2.2	710	5.81	81	0.71	5.5	2.0		4.0314	63
Y132M-8	3.0		5.72	82	0.72				0.0295	79
Y160M1-8	4.0		9.91	84	0.73	6.0			0.0753	118
Y160M2-8	5.5	720	13.3	85	0.74				0.0931	119
Y150L-8	7.5		17.7	86	0.75	5.5			0.126	145
Y180L-8	11		25.1	86.5	0.77		1.7	2.0	0.203	184
Y200L-8	15	730	34.1	88	0.76		1.8		0.339	250
Y225S-8	18.5		41.3	89.5			1.7		0.491	266
Y225M-8	22		47.5	90	0.78	6.0			0.547	292
Y250M-8	30		63.0	90.5	0.80		1.8		0.834	405
Y280S-8	37		78.2	91	0.79				1.39	520
Y280M-8	45		93.2	91.7	0.80				1.65	592
Y315M-8	55	740	114	92					4.79	1000
Y315M1-8	75		152	92.5	0.81		1.6		5.58	1100
Y315M2-8	90		179	93	0.82	6.5			6.37	1160
Y315M3-8	110		218	93.5					7.23	1230
Y315S-10	45		101	91.5	0.74				4.79	990
Y315M2-10	55	590	123	92			1.4		6.37	1150
Y315M3-10	75		164	92.5	0.75				7.15	1220

154

附录 D 常用电器主要型号规格

一、接触器主要型号规格

表 D-1 CJ12B 系列交流接触器

项目 型号	主触头 U_N/V	I_N/A	极数	辅助触头 U_N/V	I_N/A	数量	380V时控制电动机最大功率/kW	接通与分断能力 接通电压/V	接通电流/A	分断电流/A	电寿命次数/万次	机械寿命次数/万次	操作频率	吸引线圈在380V时消耗功率 启动/(V·A)	吸持/(V·A)	动作时间/ms 接通	断开
CJ12B-100	380	100	2、3、4、5	交流380或直流220	10	六对触头可组成 五合一分或 四合二分或 三和三分	80	339	1200	1000	JK2类15	300	600	三极925	三极22		
CJ12B-150		150					75		1800	1500				三极1450	三极30		
CJ12B-250		250					125		3000	2500				三极2100	三极45		
CJ12B-400		400					200		4000	3200	JK2类10	200	300	三极4180	三极85		
CJ12B-600		600					300		6000	4800				三极5600 四、五极9900	三极70 四、五极128		

表 D-2 CJ20 系列交流接触器

项目\型号	主触头 U_N/V	I_N/A	极数	辅助触头 U_N/V	控制容量/(V·A)	额定发热电流/A	数量	380V时控制电动机最大功率/kW	接通与分断能力 U/V	接通电流/A	分断电流/A	380V时电寿命次数/万次	机械寿命次数/万次	操作频率	吸引线圈在380V时消耗功率 启动/(V·A)	吸持/(V·A)	动作时间/ms 接通	断开
CJ20-63	380	63	3	交流380 直流220	交流300 直流60	6	二常开二常闭	30	380	756	630	JK3类 120 JK4类 8	1000	JK3类 1200 JK4类 300	388	16.5	20	24
	660	40						35	660	480	400							
CJ20-160	380	160						85	380	1600	1280	JK3类 1200 JK4类 1.5			855	32	16	14
	660	100						85	660	1200	1000							
CJ20-160/11	1140	80						85	1140	960	800						20	8
CJ20-250	380	250			交流500 直流60			132	380	2500	2000	JK3类 60 JK4类 1	300	JK3类 600 JK4类 120	1710	65.6	16	23
CJ20-250/06	660	200						190	660	2000	1600							
CJ20-630	380	630						300	380	6300	5040				3577	118	20	18~20
	660	400						350	660	4000	3200							
CJ20-630/11	1140	400						400	1140	4000	3200						39~41	19~21

表 D – 3　CZ0 系列直流接触器

型号	主触头 U_N/V	主触头 I_N/A	主触头 常开	主触头 常闭	辅助触头 U_N/V	辅助触头 I_N/A	辅助触头 组合情况 常开	辅助触头 组合情况 常闭	通断能力 电压/V	通断能力 电流/A	ZK1条件 电寿命/万次	机械寿命 次数/万次	操作频率/(次/h)	吸引线圈消耗功率/kW	固有动力时间 吸引/s	固有动力时间 释放/s	外形尺寸 长/mm	外形尺寸 宽/mm	外形尺寸 高/mm
CZ0-40/20	440	40	2		交流380 直流220	5			462	160	50	500	1200	22	0.1	0.03	192	114	162
CZ0-40/02	440	40		2	交流380 直流220	5	2	2	462	100	30	300	600	24	0.09	0.045	192	114	162
CZ0-100/10	440	100	1		交流380 直流220	5			462	400	50	500	1200	24	0.11	0.03	175	150	162
CZ0-100/01	440	100		1	交流380 直流220	5	2	1	462	250	30	300	600	24	0.07	0.05	180	150	162
CZ0-100/20	440	100	2		交流380 直流220	5	2	2	462	400	50	500	1200	30	0.13	0.035	232	150	170
CZ0-150/10	440	150	1		交流380 直流220	5	2	1	462	600	50	500	1200	30	0.13	0.03	190	164	178
CZ0-150/01	440	150		1	交流380 直流220	5	2	2	462	375	30	300	600	25	0.06	0.09	205	164	178
CZ0-150/20	440	150	2		交流380 直流220	5	2	2	462	600	50	500	1200	40	0.135	0.05	288	164	194
CZ0-250/10	440	250	1		交流380 直流220	10	共有5对触头,其中1对为固定常开,另外4对可任意组合成常开、常闭		462	1600			600	31	0.14	0.056	327	90	237
CZ0-250/20	440	250	2		交流380 直流220	10			462	1000			600	40	0.22	0.061	356	100	276
CZ0-400/10	440	400	1		交流380 直流220	10			462	1600	30	300	600	28	0.2	0.05	370	100	275
CZ0-400/20	440	400	2		交流380 直流220	10			462	1600	30	300	600	43	0.25	0.07	388	130	306
CZ0-600/10	440	600	1		交流380 直流220	10			462	2400	30	300	600	50	0.14	0.056	450	130	130

表 D - 4　CJ0 系列交流接触器

型号	额定电流/A		额定操作频率/(次/h)	可控制电动机最大容量/kW			
	主触点	辅助触点		127V	220V	380V	500
CJ0 - 10	10	5	1200	1.5	2.5	4	3.5
CJ0 - 20	20	5	1200	3	5.5	10	10
CJ0 - 40	40	5	1200	6	11	20	25
CJ0 - 75	75	10	1200	13	22	38	47
注:触点额定电压为500V							

表 D - 5　CJ10 系列交流接触器

型号	额定电流/A		额定操作频率/(次/h)	可控制电动机最大容量/kW		
	主触点	辅助触点		220V	380V	500V
CJ10 - 5	5	5	600	1.2	2.2	2.2
CJ10 - 10	10	5	600	2. +2	4	4
CJ10 - 20	20	5	600	5.5	10	10
CJ10 - 40	40	5	600	11	20	20
CJ10 - 60	60	5	600	17	30	30
CJ10 - 100	100	5	600	30	50	50
CJ10 - 150	150	5	600	43	75	75
注:(1)接触器额定操作频率为600次/h,最高允许操作频率为1200次/h,但此时控制容量应降低; 　　(2)触点额定电压为500V						

表 D - 6　3TB 系列交流接触器

接触器型号	额定发热电流/A	380V 时额定 工作电流/A	660V 时额定 工作电流/A	可控电动机功率/kW	
				380V	660V
3TB40	22	9	7.2	4	5.5
3TB41	22	12	9.5	5.5	7.5
3TB42	35	16	13.5	7.5	11
3TB43	35	22	13.5	11	11
3TB44	55	32	18	15	15

二、继电器型号规格

表 D-7 JZ7、JZ8 系列中间继电器

型号	线圈参数			触点参数			动作时间 /s	操作频率 /(次/h)
	额定电压/V		消耗功率	触点数	最大断开容量			
	交流	直流			感性负载	阻性负载		
JZ7-44	12、24、36、48、110、127、220、380、420、440、500		12V·A	4开4闭	cos φ = 0.4 L/R = 5ms 交流: 380V/5A 500V/3.5A 直流: 220V/0.5A	交流: 380V/5A 500V/3.5A 直流: 220V/1A	0.05	1200
JZ7-62				6开2闭				
JZ7-80				8开				
JZ8 系列	110 127 220 380		交流 10V·A 直流 7.5W	6开2闭 4开4闭 2开6闭			0.05	2000

注:JZ7 系列适用于交流电压 500V、电流 5A 以下的控制电器

表 D-8 JY1 型速度继电器、JFZ0 型反接制动继电器

型号	触点容量		触点数量		额定工作转速 /(r/min)	允许操作频率 /(次/h)
	额定电压/V	额定电流/A	正转时动作	反转时动作		
JY1 JFZ0	380	2	1 组转换触点	1 组转换触点	100~3600 300~3600	<30

表 D-9 JS7-A 空气阻尼式时间继电器

型号	触点容量		延时触点数量				不延时触点的数量		线圈电压 /V	延时整定范围 /s	操作频率 /(次/h)
	电压 /V	额定电流 /A	线圈通电后延时		线圈断电后延时						
			动合	动断	动合	动断	动合	动断			
JS7-1A	380	5	1	1					60Hz: 36、110、127、220、380、440	0.4~60 0.4~180 (误差不大于 ±10%)	600
JS7-2A	380	5	1	1			1	1			
JS7-3A	380	5			1	1					
JS7-4A	380	5			1	1	1	1			

注:尚有 50Hz 线圈额定电压:24V、36V、110V、127V、380V 及 420V

表 D–10　JS17 电动式时间继电器

电源电压 /V	延时整定范围	触点容量			触点数			操作频率 /(次/h)	外形尺寸 (长× 宽×高) /mm
		电压 /V	接通电流 /A	分断电流 /A	线圈 通电后 延时	线圈 断电后 延时	瞬动		
交流 110 127 220 380	0~8s 0~40s 0~4min 0~20min 0~2h 0~12h 0~72h	(380) 220 以下	3	0.3	3开 2闭	3开 2闭	1开 1闭	1200	95×95 ×123

继电器型号①		继电器发热 电流/A	交流 220V 时额定 工作电流/A		直流 220V 时额定 工作电流/A	
7PR4040 7PR4140		5	3		0.1	
7PR4040 7PR4140	电源 电压/V	H	K		Y	交流 50Hz 或 60Hz
		110~120	124~127		220	
延时整 定范围		1	2	3	4	5	6	备注

延时整 定范围		1	2	3	4	5	6	备注
	7PR4040	0.15s~ 6s	1.5s~ 60s	0.15s~ 6min	1.5s~ 60min	0.15s~ 6h	1.5s~ 6h	
	7PR4140②						0.15s~ 6h	

①继电器的额定操作频率:7PR4040 及 7PR4140 均为 2500 次/h。

②7PR4140 通过延时范围调整孔可以得到 7PR4040 的 6 种延时范围

表 D–11　JR16B 系列热继电器

型号	额定电流/A	热元件等级	
		热元件额定电流/A	刻度电流调节范围/A
JR16B-20/3 JR16B-20/3D	20	0.35	0.25~0.35
		0.50	0.32~0.50
		0.72	0.45~0.72
		1.1	0.68~1.1
		1.6	1.0~1.6
		2.4	1.5~2.4
		3.5	2.2~3.5
		5	3.2~5
		7.2	4.5~7.2
		11	6.8~11
		16	10~16
		22	14~22

型号	额定电流/A	热元件等级	
		热元件额定电流/A	刻度电流调节范围/A
JR16B – 60/3	60	22	14 ~ 22
		32	20 ~ 32
		45	28 ~ 45
JR16B – 60/3D		32	40 ~ 63
JR16B – 150/3	150	63	40 ~ 63
		85	53 ~ 85
		120	75 ~ 120
JR16B – 150/3D		160	100 ~ 160

注:(1) 字母 D 表示带断相保护;
(2) JRO 系列的技术参数同 JR16B

三、熔断器型号规格

表 D – 12　RL1 系列熔断器

型号	熔断器额定电流/A	熔体额定电流等级/A	交流 380V 时极限分断能力(有效值)/A
RL1 – 15	15	2、4、5、6、10、15	2000
RL1 – 60	60	20、25、30、35、40、50、60	5000
RL1 – 100	100	60、80、100	
RL1 – 200	200	100、125、150、200	

表 D – 13　RC1 系列熔断器

型号	熔断器额定电流/A	熔体额定电流等级/A	交流 380V 时极限分断能力(有效值)/A
RC1 – 10	10	1、4、6、10	500
RC1 – 15	15	6、10、15	500
RC1 – 30	30	20、25、30	1500
RC1 – 60	60	40、50、60	1500
RC1 – 100	100	80、100	3000
RC1 – 200	200	120、150、200	3000

表 D – 14　RLS 系列螺旋式快速熔断器

型号	熔断器额定电流/A	熔体额定电流等级/A	极限分断电流(有效值)/A cosφ≤0.25	外形尺寸		
				长/mm	宽/mm	高/mm
RLS – 10	10	3、5、10	50	62	38	62
RLS – 50	50	15、20、25、30、40、50		78	55	77
RLS – 100	100	60、80、100		118	82	110

表 D – 15　RT0 系列熔断器

型号	熔断器额定电流/A	熔体额定电流等级/A	极限分断电流/kA		外形尺寸		
			交流 380V	直流 440V	长/mm	宽/mm	高/mm
RT0 – 100	100	30、40、50、60、80、100	50（有效值）$\cos\varphi=$0.2~0.3	25（$T<15\text{ms}$）	180	55	85
RT0 – 200	200	80、100、120、150、200			200	60	95
RT0 – 400	400	150、200、250、300、350、400			220	70	105
RT0 – 600	600	350、400、450、500、550、600			260	80	125
RT0 – 1000	1000	700、800、900、1000			350	90	175

表 D – 16　RS0 系列快速熔断器

额定电压/V	额定电流等级/A	极限分断电流		外形尺寸			·质量/kg
		分断电流(有效值)/kA	$\cos\varphi$	长/mm	宽/mm	高/mm	
250	30、50	50	0.2~0.3	115	25	46	
	80			120	40	43	0.27
	150			125	46	50	0.37
	350			130	55	61	0.65
	480			135	66	73	
500	30、50	50	0.2~0.3	135	25	46	0.2
	80			140	40	43	0.34
	150			145	46	50	0.47
	200、250、320			150	55	61	0.65
	480			155	66	73	1.08
750	250、320	30	0.25~0.35	150	55	61	0.65

表 D – 17　NT 系列熔断器

型号	额定电压/V	底座额定电流/A	熔断体额定电流等级/A	额定分断能力/kA	$\cos\varphi$	底座型号
NT – 00	500		4、6、10、16、20、25、32、36、40、50、63、80、100、125、160	120	0.1~0.2	sist101
	660			50		
NT – 0	500	160	6、10、16、20、25、32、36、40、50、63、80、100	120		sist160
	660			50		
	500		125、160	120		

型号	额定电压/V	底座额定电流/A	熔断体额定电流等级/A		额定分断能力/kA	cosφ	底座型号
NT – 1	500	250	80、100、125、160、200		120		sist201
	660				50		
	500		224、250		120		
NT – 2	500	400	125、160、200、224、250、300、315		120	0.1~0.2	sist401
	660				50		
	500		355、400		120		
NT – 3	500	630	315、355、400、425		120		sist601
	660				50		
	500		500、630		120		

表 D – 18　NGT 系列熔断器

型号	额定电压/V	熔断体额定电流等级/A	额定分断能力/kA	cosφ
NGT – 00	380	25、32、40、50、63、80、100、125		
	800			
NGT – 1	380	100、125、160、200、250		
	660			
	1000			
NGT – 2	380	200、250、280、315、355、400	100	0.1~0.2
	660			
	1000			
NGT – 3	380	355、400、450、500、560、630		
	660			
	1000			

四、刀开关与自动开关主要型号规格

表 D – 19　HK 系列闸刀开关

型号	额定电压/V	额定电流/A	控制相应的电动机功率/kW	熔丝规格	
				含铜量/%	线径/mm
HK2 – 10/2	250	10	1.1	≥99.9	≥0.25
HK2 – 15/2	250	15	1.5	≥99.9	≥0.41
HK2 – 30/2	250	30	3.0	≥99.9	≥0.56
HK2 – 15/3	500	15	2.2	≥99.9	≥0.45
HK2 – 30/3	500	30	4.0	≥99.9	≥0.71
HK2 – 60/3	500	60	5.5	≥99.9	≥1.12

表 D-20　HH 系列铁壳开关

| 型号 | 额定电流 /A | 刀开关极限通断能力（在110%额定电压时） | | | 熔断器极限分断能力 | | | 控制电动机最大功率 /kW |
		通断电流 /A	功率因数	通断次数	分断电流 /A	功率因数	分断次数	
HH3 - 15/3	15	60	0.4	10	750	0.4	2	3.0
HH3 - 30/3	30	120			1500			7.5
HH3 - 60/3	60	240			3000			13
HH3 - 100/3	100	250	0.8					
HH3 - 200/3	200	300						
HH4 - 15/3 HH4 - 15/3Z	15	60	0.5	10	750	0.8	2	3.0
HH4 - 30/3 HH4 - 30/3Z	30	120			1500	0.7		7.5
HH4 - 60/3 HH4 - 60/3Z	60	240	0.4		3000	0.6		13

表 D-21　HS 系列双投刀开关

型号	额定电压/V	额定电流/A	极数	操作方式	接线方式
HS10 - 40/1 HS10 - 40/2 HS10 - 40/3 HS10 - 40/4	220	40	1 2 3 4	中央手柄	板后接线
HS11 - 200/1 HS11 - 200/2 HS11 - 200/3	380	200	1 2 3	中央手柄	板后接线
HS11 - 400/1 HS11 - 400/2 HS11 - 400/3		400	1 2 3		
HS11 - 600/1 HS11 - 600/2 HS11 - 600/3	380	600	1 2 3	中央手柄	板后接线
HS11 - 1000/1 HS11 - 1000/2 HS11 - 1000/3		1000	1 2 3		

（续）

型号	额定电压/V	额定电流/A	极数	操作方式	接线方式
HS13－200/21 HS13－200/31	380	200	2 3	中央杠杆	板前或板后检修
HS13－400/21 HS13－400/31		400	2 3		
HS13－600/21 HS13－600/31		600	2 3		
HS13－1000/21 HS13－1000/31		1000	2 3		

表 D－22　HR3 系列熔断器式刀开关

型号	额定电压/V	额定电流/A	断流容量/A	极数	结构方式
HR3－100/31 HR3－200/31 HR3－400/31 HR3－600/31	交流 380	100 200 400 600	25000	3	前操作 前检修
HR3－100/32 HR3－200/32 HR3－400/32 HR3－600/32		100 200 400 600			前操作 后检修
HR3－100/33 HR3－200/33 HR3－400/33 HR3－600/33		100 200 400 600			侧操作 前检修
HR3－100/34 HR3－200/34 HR3－400/34 HR3－600/34	交流 380	100 200 400 600	25000	3	前操作 前检修
HR3－100/21 HR3－200/21 HR3－400/21 HR3－600/21	直流 440	100 200 400 600	25000	2	前操作 前检修
HR3－100/22 HR3－200/22 HR3－400/22 HR3－600/22	直流 440	100 200 400 600	25000	2	前操作 后检修

表 D–23　直流快速自动开关

项　目	DS12–10/08	DS12–20/08
额定电压/V	800	
最高工作电压/V	900	
额定电流/A	1000	2400
额定电流范围/A	800~2000	1600~4000
最大整定电流值/A	3000	6000
额定绝缘电压/V	4200	
分断能力/kA	$40(\mathrm{d}i/\mathrm{d}t=3\times10^9\mathrm{A/s})$	
分断过电压/试验电压/V	<2	
限流系数	0.6	
全分断时间/ms	约20	
电磁脱扣固有时间/ms	3~4	
触头开距/mm	≥26	
机械寿命/次	5000	
合闸电源(瞬时)	交流220V、20A 或直流220V、20A	
辅助触头数	3 常开、3 常闭	
外形尺寸 (长×宽×高)/(mm)	340×625×680 (340×900×800)	340×625×680 (340×900×800)
质量/kg	63	70

注:(1) 外形尺寸括号中的数字为灭弧罩开启后的外形尺寸;

　　(2) 限流系数即分断电流的最大值与预期短路电流峰值之比值。在分断不同短路电流时,限流系数是不同的,通常以分断极限短路电流时的限流系数来表示其限流能力

表 D–24　DW、DZ 系列自动空气开关

型号	脱扣器额定电流 I_H /A	脱扣器可调范围		保护特性			极限通断能力/A			寿命/次	
		电磁式	半导体式	长延时动作可调范围	短延时动作可调范围	瞬时动作可调范围	短延时	瞬时		机械寿命	电寿命
								有效值	峰值		
DW10–200	100~200							10000		20000	5000
DW10–400	100~400	(1~3)I_H				(1~3)I_H		15000		10000	2500
DW10–600	500~600										
DW10–1000	400~1000							20000		10000	2500
DW10–1500	1500	(1~3)I_H				(1~3)I_H					
DW10–2500	1000~2500							30000		5000	1250
DW10–4000	2000~4000							40000			

166

指标 型号	脱扣器额定电流 I_H /A	脱扣器可调范围		保护特性			极限通断能力/A			寿命/次	
		电磁式	半导体式	长延时动作可调范围	短延时动作可调范围	瞬时动作可调范围	短延时	瞬时		机械寿命	电寿命
								有效值	峰值		
DZ10-100	16100	$10I_H$		1.1I_H<2h 不动 1.45I_H<1h 动		$10I_H$		DC 12000	AC 12000	10000	5000
DZ10-250	100~250	$(3\sim10)I_H$				$(3\sim10)I_H$		DC 20000	AC 30000	8000	4000
DZ10-600	200~600			1.1I_H<3h 不动 1.45I_H<1h 动				DC 25000	AC 50000	7000	2000
DWX15-200	100~200	$(0.64\sim12)I_H$		1.2I_H<20min 动 1.5I_H<3 min 动 6I_H可 返回时间>5s		$10I_H$ $12I_H$		50000		20000	10000
DWX15-400	300~400									10000	5000
DWX15-600	300~600							70000			
DW15-200	100~200		$(0.4\sim20)I_H$		$(3\sim10)I_H$ 延时 0.2s	$(10\sim12)I_H$ $(8\sim20)I_H$	$20I_H$	20000		20000	10000
DW15-400	300~400							25000		10000	5000
DW15-600	300~600							30000			
DW15-1000	600~1000	$(0.7\sim10)I_H$	$(0.7\sim20)I_H$	1.3I_H<1h 动 2I_H<10 min 动 3I_H可 返回时间>8s	$(3\sim10)I_H$ 延时 0.4s	$(1\sim3)I_H$ $(3\sim10)I_H$ $(10\sim20)I_H$	$20I_H$	40000		5000	2500
DW15-1500	1500										
DW15-2500	1500~2500		$(0.7\sim14)I_H$		$(3\sim6)I_H$ 延时 0.4s	$(1\sim3)I_H$ $(3\sim10)I_H$ $(7\sim14)I_H$	$14I_H$	60000		5000	500
DW15-4000	2500~4000							80000	·		

注：保护特性可分为：

(1) 过载长延时动作。保护线路不因长期过载而损坏。

(2) 短路短延时动作。对一般短路故障自动开关能选择性地延时一段时间后再动作（这样就可以在排除故障的过程中减少停电范围）。

(3) 特大短路瞬时动作。对严重短路事故自动开关瞬时断开电路（从而保护其他受电设备免受短路大电流的破坏）

五、按钮型号规格

表 D-25　LAYL 系列按钮

电流种类	额定工作电压/V	额定控制容量/(V·A)	约定发热电流/A
交流	380	300	6
	220		
	110		
直流	220	60	
	110		

表 D-26 LA 系列按钮

型号	额定电压 /V	额定电流 /A	触点数		钮数	按钮颜色	结构形式
			动合	动断			
LA 2	500	5	1	1	1	黑、红、绿	开启式
LA4－2K	500	5	2	2	2	黑、红、绿、红	开启式
LA4－2H			2	2	2	黑、红、绿、红	保护式
LA4－3H			3	3	3	黑、红、绿	保护式
LA8－1	500	5	2	2	1	黑或绿	开启式
LA10－1	500	5	1	1	1	黑、绿或红	开启式
LA2－A	500	5	1	1	1	红色(蘑菇形)	
LA18－22	500	5	2	2	1	黑、红、绿或白	元件
LA18－44			4	4			
LA18－66			6	6			
LA18－22J	500	5	2	2	1	红	元件 (紧密式)
LA18－44J			4	4			
LA18－66J			6	6			
LA18－22X2	500	5	2	2	1	黑	元件 (旋钮式)
LA18－44X			4	4			
LA18－22X3			2	2			
LA18－66X			6	6			
LA18－22Y	500	5	2	2	1		元件 (钥匙式)
LA18－66Y			6	6			
LA19－11	500	5	1	1	1	红、黄、蓝、白或绿 紧急式为红色; 指示灯为交流 或直流 6.3V、 16V 或 24V	元件
LA19－11J			1	1			元件 (紧急式)
LA19－11D			1	1			元件 (带指示灯)
LA19－11JD			1	1			元件 (带指示灯、紧急式)

注:型号中"X2""X3"分别表示二位旋钮和三位旋钮

表 D-27 BK 系列控制变压器

型号	额定功率 /(V·A)	初级额定电压/V		次级额定电压/V	
BK－50	50	(1)110 (3)380 (5)440~220	(2)220 (4)420 (6)380~220	(1)11、24 (3)36~6.3 (5)127~6.3	(2)36、6.3 (4)127、110
BK－100	100	(1)110 (3)380 (5)440~220	(2)220 (4)420 (6)380~220	(1)11、24、6.3 (3)36~6.3 (5)127~6.3 (7)127~36	(2)36 (4)127 (6)127~12 (8)127~36~6.3

型号	额定功率 /(V·A)	初级额定电压/V	次级额定电压/V
BK-150	150	(1)220、110　　(2)380 (3)420　　(4)440~220 (5)380~220	(1)36~6.3　　(2)127~6.3 (3)127~12~6.3 (4)127~36~6.3
BK-300	300	(1)220、110　　(3)420 (2)380 (4)440~220 (5)380~220	(1)36~6.3、12、24、36 (2)127~6.3 (3)127~12~6.3 (4)127~36~6.3
BK-400	400	(1)220、110　　(2)380 (3)420　　(4)440~220 (5)380~220	(1)127~6.3 (2)127~12~6.3 (3)127~36~6.3
BK-500	500	(1)220、110　　(2)380 (3)420　　(4)440~220 (5)380~220	(1)24、36、127 (2)127~12~6.3 (3)127~36~6.3 (4)127~6.3
BK-1000	1000	(1)220、110　　(2)380 (3)420　　(4)440~220 (5)380~220	(1)24、36、127　　(2)127~6.3 (3)127~12~6.3 (4)127~36~6.3

参 考 文 献

［1］秦曾煌.电工学:上册.北京:高等教育出版社,1999.

［2］（日）谷井琢也.基础电气电子工学.东京:株式会社养贤堂,2000.

［3］张晓辉.电工技术.北京:机械工业出版社,2006.

［4］陈立定.电气控制与可编程序控制器的原理及应用.北京:机械工业出版社,2004.